見えないなら、見えるようにすればいい──。

福島県飯舘村長泥から見た、初期プルームが通った谷
強く汚染されたこの森の中で、動植物が生きている。
(2013年8月)

福島県川俣町山木屋、山の中腹まで表土剥離する除染現場
「除染作業中」と書かれたのぼりが見える。汚染土はフレコンバッグに詰められる。
(2014年11月)

放射線像

放射能を可視化する

東京大学名誉教授 **森 敏**
写真家 **加賀谷雅道**

目次

2011 7

2012 18

2013 50

2014 80

サンプル写真一覧 102

解説 加賀谷雅道
放射線像プロジェクトの
始まりとそこから見えてきたもの 104

解説 森敏
妖に美し：
なぜ放射線像をとり続けるのか
についての個人史 106

サンプル採取地と
東京電力福島第一
原発事故による
放射能汚染地図

茨城県
杉の葉 （p35）
通気口フィルター （p44）

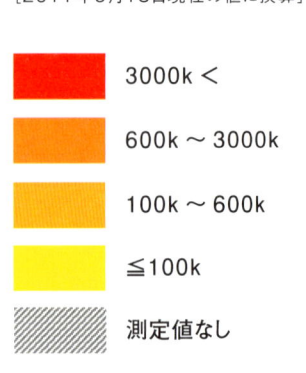

東京都
窓枠とベランダの埃 （p12）
雨樋の土 （p83）
定規に付いた土汚れ （p83）

汚染地図　凡例
Cs-134およびCs-137の
合計の沈着量（Bq/m²）
［2011年9月18日現在の値に換算］

- ■ 3000k＜
- ■ 600k〜3000k
- ■ 100k〜600k
- ■ ≦100k
- ▨ 測定値なし

※文部科学省公表
「放射線量等分布マップ―航空機モニタリング―」
（2011年9月）を参考に作図

伊達市
つくし（p8）
たんぽぽの葉（p9）

福島市
センダン草（p24）
きのこ（p28）

南相馬市
作業着の帽子（p85）
福島第一原発からの粉塵（p86）
エアコンのフィルター（p90）

郡山市
トイレの
換気扇の埃（p81）

東京電力
福島第一
原子力発電所

福島県

飯舘村
ヒノキの葉（p10）
もみじ（p14）
セイタカアワダチソウ（p16）
桜の枝（p21）
アジサイ（p22）
フキ（p25）
きのこ（p13,29）
ゼンマイ（p34）
アゲハ蝶（p36）
ブラックバス（p37）
ブラックバスの内臓（p38）
真竹（p40）
野イチゴ（p41）
ハギ（p41）
ウシガエル（p42）
ウシガエルの内臓（p43）

ヤマドリの翼（p46）
ヨモギの葉（p47）
ヘビの外皮（p48）
軍手（p51）
靴の中敷き（p52）
野ねずみ（p54）
おたまじゃくし（p56）
コナラの外皮（p60）
ゼニゴケ（p70）
松の実生の葉と雄花・雌花（p72）
松茸（p73）
竹の子（p74）
竹の皮（p75）
コゴメウツギ（p78）
ヒノキの葉と実（p92～94）

浪江町
ヘビ（p19～20）
鯉（p26）
羽（p30～p33）
洗濯ばさみ（p53）
金魚（p57）
はさみ（p58）
長ぐつ（p62～p65）
ミニサッカーボール（p66）
スリッパと幼稚園児の上履き（p68）
ほうき（p76）
ラチェットレンチ（p82）
土壌断面（p84）
ザリガニ（p88）
タラの芽（p95）
杉の外皮（p96）
御幣（p97）
お賽銭（p98）
石版（p100）

放射能を可視化する

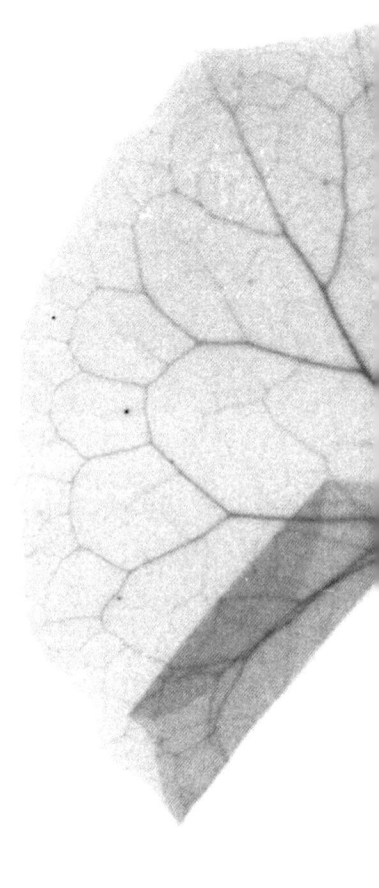

　2011年3月11日、東日本大震災による地震と津波により、東京電力福島第一原子力発電所は全交流電源喪失状態に陥り、原子炉1号機から3号機が炉心溶融（メルトダウン）。大量の放射性物質が大気中に放出されました。15日夜に放出された放射性物質は南東からの風に乗り、浪江町、飯舘村さらに福島県の中通りに高濃度汚染地帯を形成しました。また複数の経路を辿って、茨城県から東京都、神奈川県、北関東および東北地方にも放射能汚染地帯を形成しました。

　私たちは、東京にいようとも福島にいようとも、たとえ炉心溶融が起き、水素爆発により大破した東電福島第一原子力発電所の原子炉建屋の前に立ったとしても、放射能の存在を感じることはありません。放射能は、あまりに小さく目に見えず、音もなく、臭いもないからです。そのため私たちは放射能汚染地帯に住んでいるにもかかわらず、その存在を意識することなく今日に至っております。これまで食品や土壌が、NaI（Tl）シンチレーション検出器やゲルマニウム半導体検出器によって、ベクレル（Bq）という放射能の量を表す単位で計測されてきました。また、空間線量や被曝線量が、人体への影響の目安となるシーベルト（Sv）という単位で計測されてきました。

　しかし、こういった数値情報では私たちは、放射能によって汚染された町、汚染された森、汚染された湖沼、汚染された生物の中で、放射能がどのように拡散したり濃縮したりしているのか、そして放射能から放射線が出ている様子を知ることは不可能でした。そこで私は放射能汚染を視覚的に認識すべく、森敏東京大学名誉教授と共にオートラジオグラフィーという手法を用いて放射能汚染の可視化を行ってきました。

加賀谷雅道

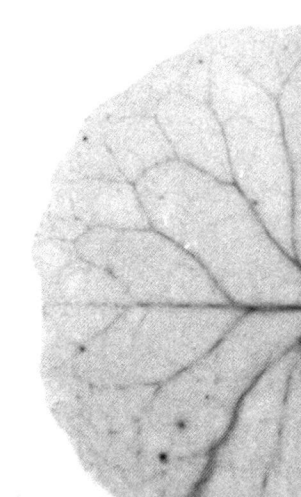

放射線像について

　放射線像（オートラジオグラフ）は、オートラジオグラフィーという手法で作成されます。放射線像を撮像する設備は、現在日本を含めた世界中の主要大学や研究機関が持っており、普段の生理学・生化学・分子生物学などの研究でサンプル中の放射能の分布を感度よく迅速に観察するために使用されています。撮影された像は、研究論文や学会発表でも頻繁に利用されています。1987年富士フイルム工業と化成オプトニクスが開発した放射線に感度を有するイメージングプレートは、それまで研究者の世界で使われてきた医療用のレントゲンフィルムの約100～1000倍の感度を持つと言われ、得られる像の解像度は低いものの、短時間で撮像することができます。

　撮像のプロセスは、放射能汚染されたサンプルをイメージングプレートに乗せ、完全な暗所で一定期間静置させた後、BASと呼ばれる装置で読み取ります。読み取った画像のコントラストを丁寧に調整することで、放射能の分布が浮かび上がってきます。放射線像の中で、黒く写った部分が放射性物質が発する放射線です。より黒く写った部分はより強く放射能汚染されていることを示しています。病院で使われるレントゲン写真において、放射線を遮る骨が白く写り、放射線が遮られることなく透過した部分が黒く写ることと同じ現象です。

　放射線像を通して、汚染を受けたサンプルの中で、放射性物質がどのように分布し、どの部分がより汚染が強いのか判断することができます。またその汚染形態を把握することで、汚染がどのようにして起ったのか、どのような経路を辿ってそのサンプルを汚染させたのか推測することができます。例えば、サンプルの内部が汚染しているのか外部が汚染しているのか、放射性物質が水に溶けた形で存在しているのか、あるいは放射性粒子として付着しているのか、といったことがひと目で判別可能になります。

　放射線像を見る際に注意する点として、別々に撮影された像はそれぞれにコントラストを調整しているので、それらを並べてどちらが汚染が強いと判断することはできません。今回掲載する放射線像には、記録を残しているものに限り、それぞれのサンプルでサーベイメータを使って計測したβ（ベータ）線の放射線量「cpm」とゲルマニウム半導体検出器などで測定したCs-134とCs-137を合わせた放射能測定値「ベクレル（Bq/kg）」を併記しています。この数値がそのサンプルの汚染の強さを表していますので、あわせてご覧ください。サーベイメータによる測定値cpmは、通常バックグラウンド（汚染物がない状態）の2倍の数値が検出された場合、そこが放射能汚染されていると判断されます。今回サーベイメータよる測定を行った場所は、バックグラウンドが25～40 cpmです。また、ベクレル数の参考値として、天然の放射性物質K-40は、白米で33 Bq/kg、乾燥昆布で1600 Bq/kg、人体で66 Bq/kg（水分を除いた乾燥重量で165 Bq/kg）程度であり、今回掲載するサンプルがどれだけ強く放射能汚染されているかご理解いただけると思います。

本文中に記載されている放射性物質の記号と名称
Cs-134：セシウム134　Cs-137：セシウム137　K-40：カリウム40　I-131：ヨウ素131

※本文中の地名はサンプルの採取地。県名のないものは、福島県で採取した。
※サンプルの実物カラー写真のうち、本文中に掲載していないものについては巻末にまとめた。

2011

　原発事故発生から5月頃までは、福島県内の汚染状況が全くわからず、我々研究者がどこまで立ち入りできるのか確信がなかった。そんなとき、福島県田村町出身の中野英之・京都教育大学准教授が、帰郷するという連絡をくれた。「なんでもいいから、土の直接汚染に気を付けて、植物を採取して押し葉にしてくれませんか」とお願いした。しばらくして、たんぽぽの葉、つくし、ぺんぺん草などを丁寧に押し葉にしたものが郵送で届けられた。これらの放射線像を撮り汚染の状態を確認したことで、放射能が生態循環し始めていることを確信した。

　最初に調査に入ったのは2011年7月1日。名峰霊山子ども村には人っ子ひとりなく、宿泊施設の紅彩館は除染業者の車でごった返していた。登山口にあるコンクリートの駐車場の空間線量は数μSv/h、放射能のプルーム（放射能雲）をもろに浴びた松の赤茶けた大量の落葉の吹きだまりは約60μSv/hを示していた。持参したアロカ製のγ線量計はピーーという連続音となり、さすがに恐怖を覚えた。以後毎月1度の調査に入ることになった。（森）

つくし

伊達市霊山（2011年5月）

　伊達市で採取したつくしには、頭頂部と袴にはっきりと放射性物質の付着が確認できる。実体顕微鏡で観察したところ、袴の中の内容物は土の微粒子であった。つくしが地中から立ち上がってくるときに、最初に頭頂部に付着した土埃を次々と拡げる袴の中に受け取りながら伸びてきたものと考えられる。つくしの茎全体がうっすらと標識されているのは、根から吸収された放射性物質が移行しているため。

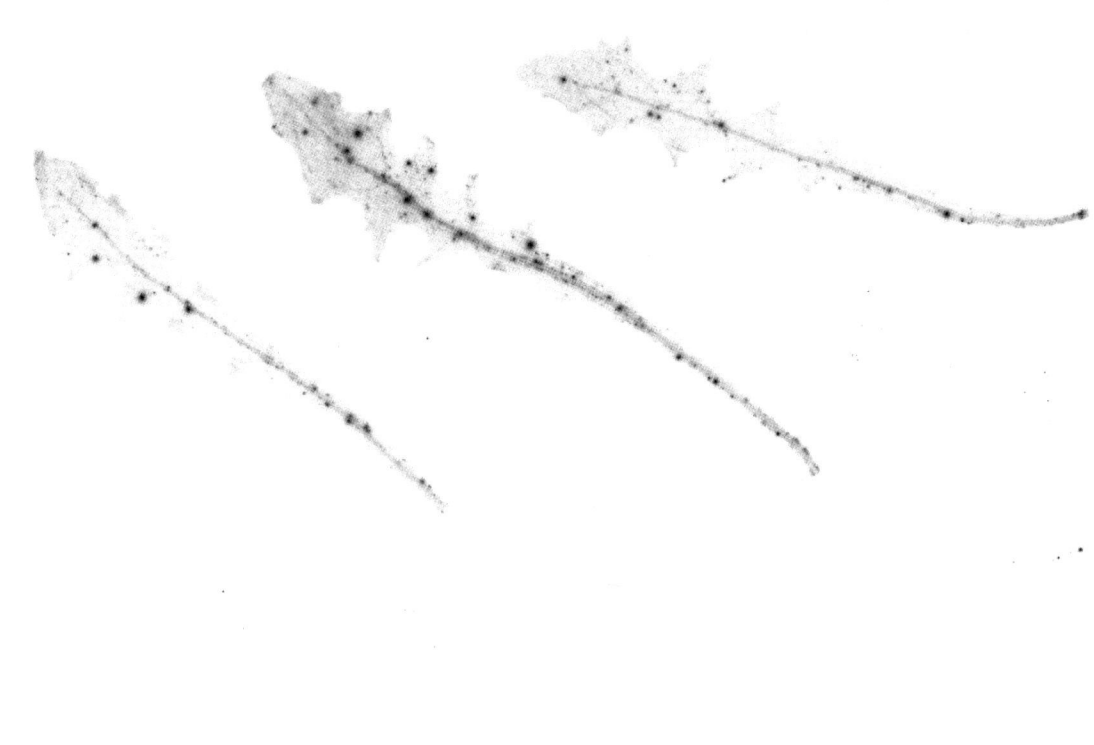

たんぽぽの葉

伊達市霊山（2011年5月）

　原発事故から2ヵ月目にサンプリングされた、たんぽぽの葉である。葉の上から下まで不規則に濃く写っている点々は放射性降下物そのものである。たんぽぽの葉が地表面から顔を出して開帳していくときに、土壌表面の放射性物質を葉の表面の微少なトライコーム（産毛）に引っかけて伸びていったものと思われる。葉が全体に薄く染まっているのは、たんぽぽが根から吸収した放射性物質が葉に転流していった結果である。

サンプル提供（つくし・たんぽぽ）：中野英之京都教育大学准教授

ヒノキの葉

飯舘村小宮（2011年）

放射線量：葉　　　74610 Bq/kg
　　　　　葉の軸　166093 Bq/kg
　　　　　種子　　10709 Bq/kg（Cs-137のみ）

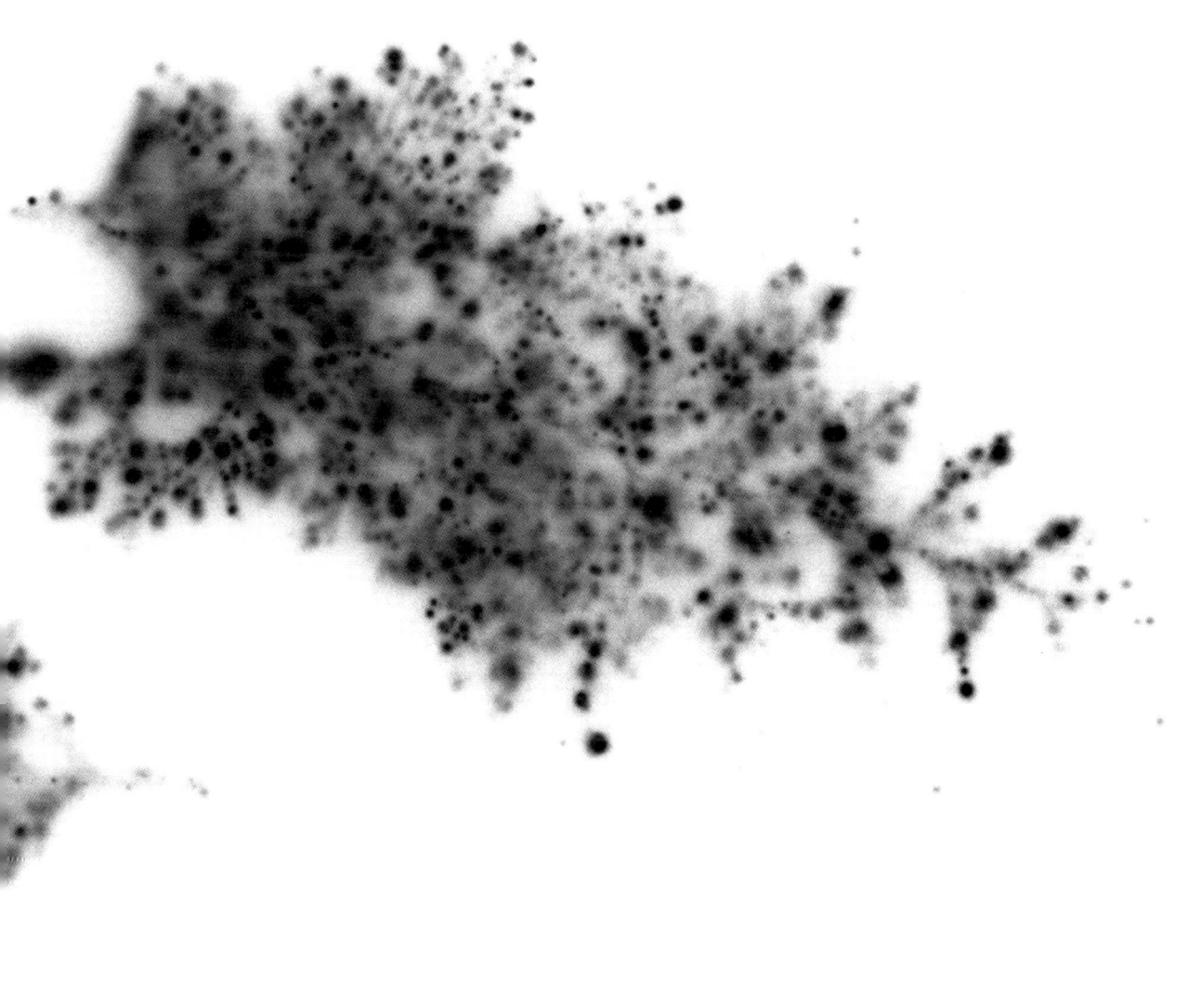

　飯舘村小宮地区で育林されていたヒノキから、手の届く高さの葉を取ってきた。放射線像を撮ってみると、葉や葉の軸は万遍なく放射性物質がまぶされていた。この被曝イメージは、数値情報だけではわからない。同時に採取した種子からも Cs-137の転流を確認した。チェルノブイリでは多くの奇形化した枝葉が発見されている。

窓枠とベランダの埃

東京都文京区（2011年6月）

　原発事故発生以後、文京区にある森の自宅のマンション6階の窓は閉め切ったままだった。2011年6月、ベランダに出て窓枠のほとんど見えない埃を1本のセロテープに貼り付けて剥がし取ってみた（上）。ベランダのコンクリートのたたきから雨が流れ込む雨樋(あまどい)周辺の埃も同様に、3本のセロテープで剥がし取った（下）。全部で4本のセロテープの放射線像を撮影した。その結果、福島の原発から約200km離れたマンションにも、放射性降下物が飛来していたことがわかった。この時すでに原発事故から2ヵ月半が過ぎ、I-131は減衰していたため、この放射能の主成分はCs-137とCs-134である。実際の埃の大きさは0.5〜1μmと言われているが、この点は現在に至るも解明されていない。

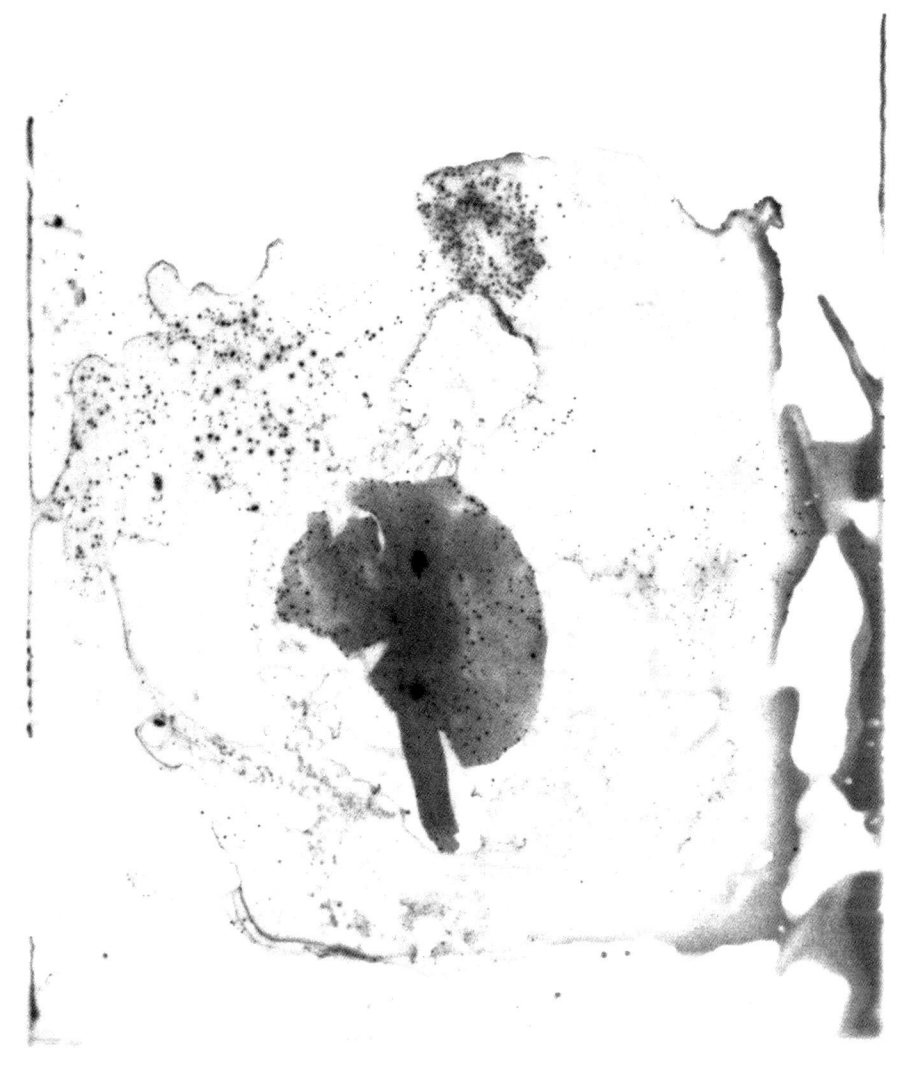

きのこ

飯舘村(2011年7月)

　2011年7月にサンプリングしたきのこ(品種不明)を、ポリエチレンバッグに詰めた状態で撮像した。撮像する際、押し潰さなければならなかったため、きのこの傘が割れ、放射能を含む水分が周囲ににじみ出ている。また、このきのこの胞子と思われる細かい分泌物もたくさん出ているが、これらも汚染されているのがわかる。つまりセシウムはヒノキの場合と同様、次世代にも移行するのである。

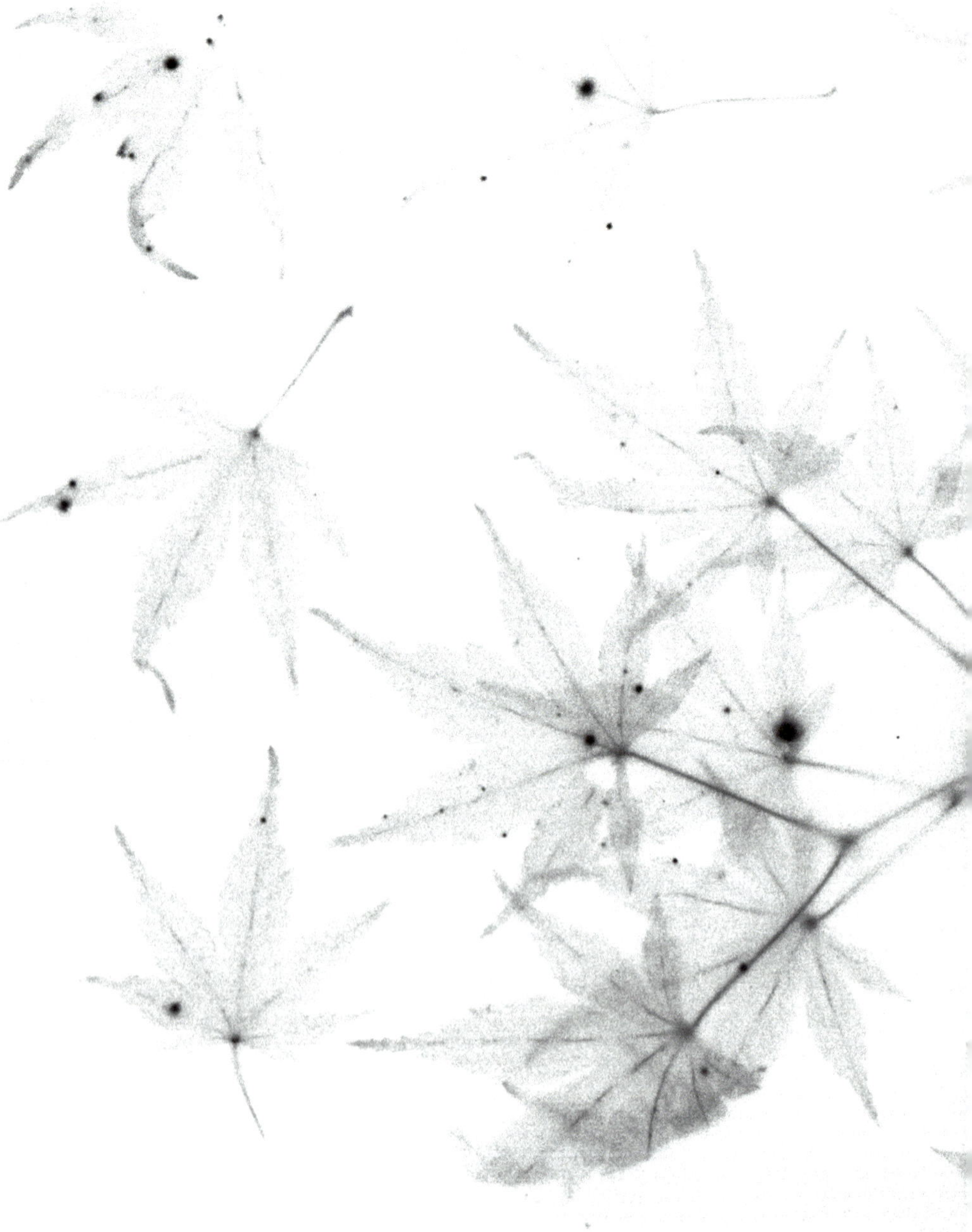

もみじ

飯舘村（2011年11月）

放射線量：葉　58872 Bq/kg
　　　　　枝　70074 Bq/kg（Cs-137のみ）

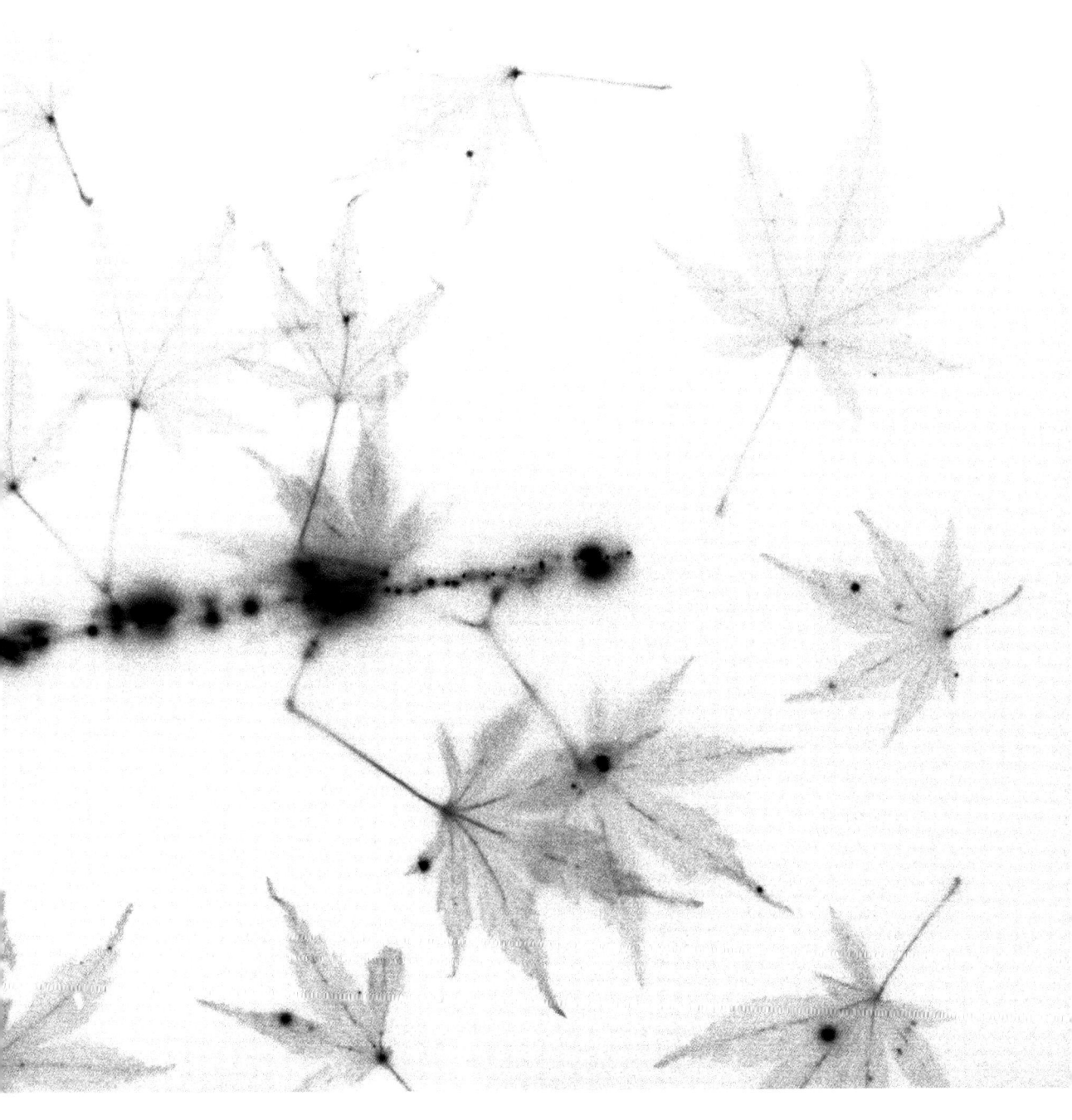

　これは原発事故と同じ年の紅葉の時期に飯舘村で採取したもみじである。葉よりも枝が強く汚染されているが、これは飛来した放射性降下物が直接付着したためである。季節が変わり、葉はそのあとから生長し展開したものなので、葉の放射能は完全に内部被曝である。この時期の葉の内部被曝は、フォールアウト（降下）を受けて直接外部被曝した枝や幹が放射能を内部に取り込み、葉に転流させたものである。

セイタカアワダチソウ

飯舘村（2011年）

放射線量：花　25014 Bq/kg
　　　　　葉　3640 Bq/kg
　　　　　茎　1801 Bq/kg（Cs-137のみ）

　2011年、耕作放棄された水田にはセイタカアワダチソウが密生していた。放射線像を見ると、葉も茎も花も全体が均質に放射能汚染しているのがわかる。大小の黒点は、汚染土壌の舞い上がりなどによる外部被曝であるが、他は根が土壌から吸収した放射能による内部被曝である。セイタカアワダチソウは、根が土壌表層に浅く密集している。このため、土壌表層に分布している放射性セシウムに接触する機会が多いはずである。またこの植物は根から地上部への放射性セシウムの移行性が良いと思われる。この水田の土壌表面の放射線量は約8μSv/hであった。

2012

　この年から植物だけでなく、魚類、爬虫類、両生類まで幅広くサンプリングを始めた。飯舘村の空間線量は、この年各所で2μSv/hを超えていた。浪江町津島地区の、特に山林に囲まれた場所では5〜10μSv/hであった。6月、最初の目標サンプルはヘビだった。すぐに車に轢かれたヘビを採取することができ、東京に持ち帰った。しかし、乾燥のためそのまま屋外で干した結果、あっという間に腐り、悪臭を放ち始めた。大失敗であった。8月、再度津島地区に赴き、生きたまま捕獲したヘビを今度は解剖し外皮を剥ぎ、冷蔵庫を使って乾燥させ、標本を作ることに成功した。これが最初に放射線像の撮影に成功した小動物である。

　2012年から2013年は、警戒区域と計画的避難区域に指定されていた地域で避難区域の再編が行われた。2012年7月に飯舘村長泥地区が、2013年4月に浪江町津島地区が帰還困難区域に指定され、出入りができなくなった。この地域は極めて汚染が強かったため、出入りできなくなる前になるべく多く汚染の強い希少なサンプルを採取しようと試みた。それは、将来にどれだけ多くの放射線像が残せるかということだった。
（加賀谷）

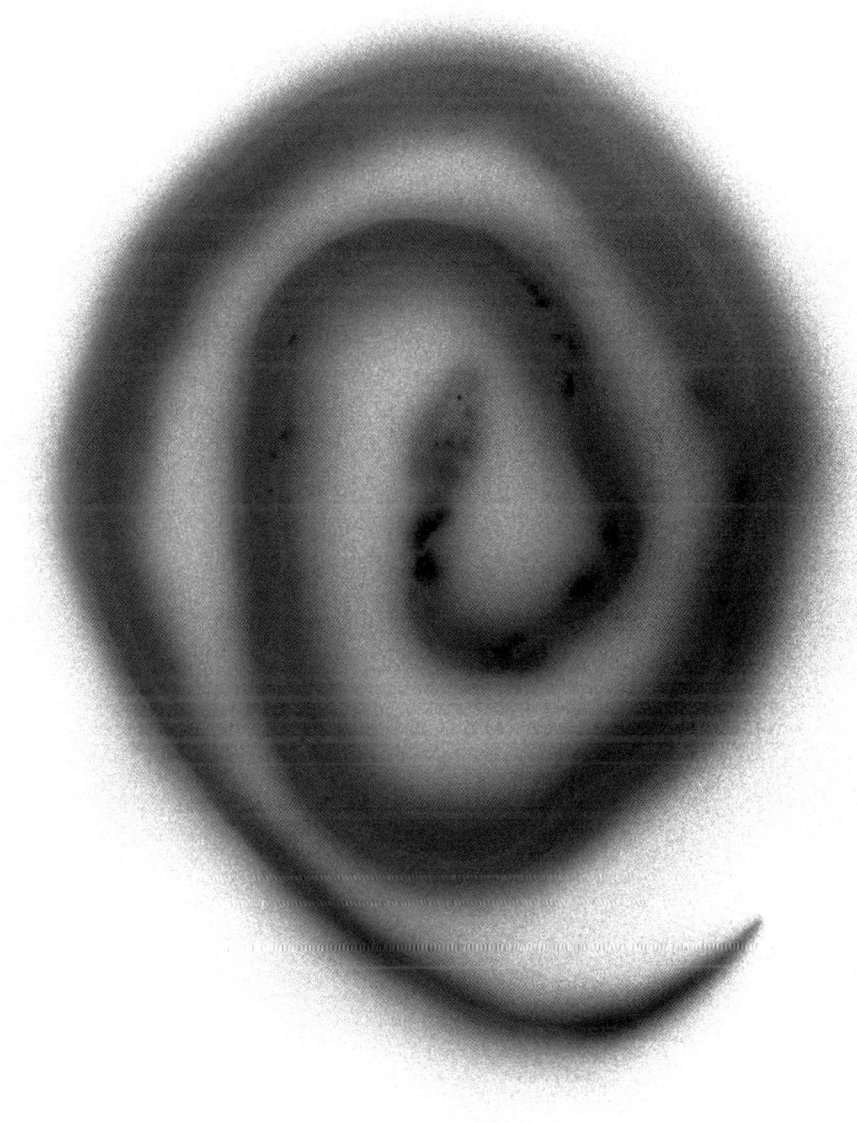

ヘビ（ヒバカリ）

浪江町津島　（2012年8月）

放射線量：1500 cpm

　前のページの像は浪江町と飯舘村を結ぶ国道399号線で遭遇し捕まえたヘビである。外皮の腹側半分を丁寧に剥いで乾燥させた。頭から首にかけて、ぽつぽつと放射性物質が外皮に付着しているのがわかるが、黒く写っているほとんどは筋肉に蓄積された放射性セシウムである。特に発達した筋肉を持つ首回りと尻尾が濃く写っている。背骨に沿って白く細い線が入っているのは、背骨が放射線を遮るため。1500 cpmという放射線量はこれまで採取したどの小動物と比べても極めて高い値だった。非常に貴重なサンプルのため、細かく刻んで放射能測定をすることはせず、標本のまま保管している。

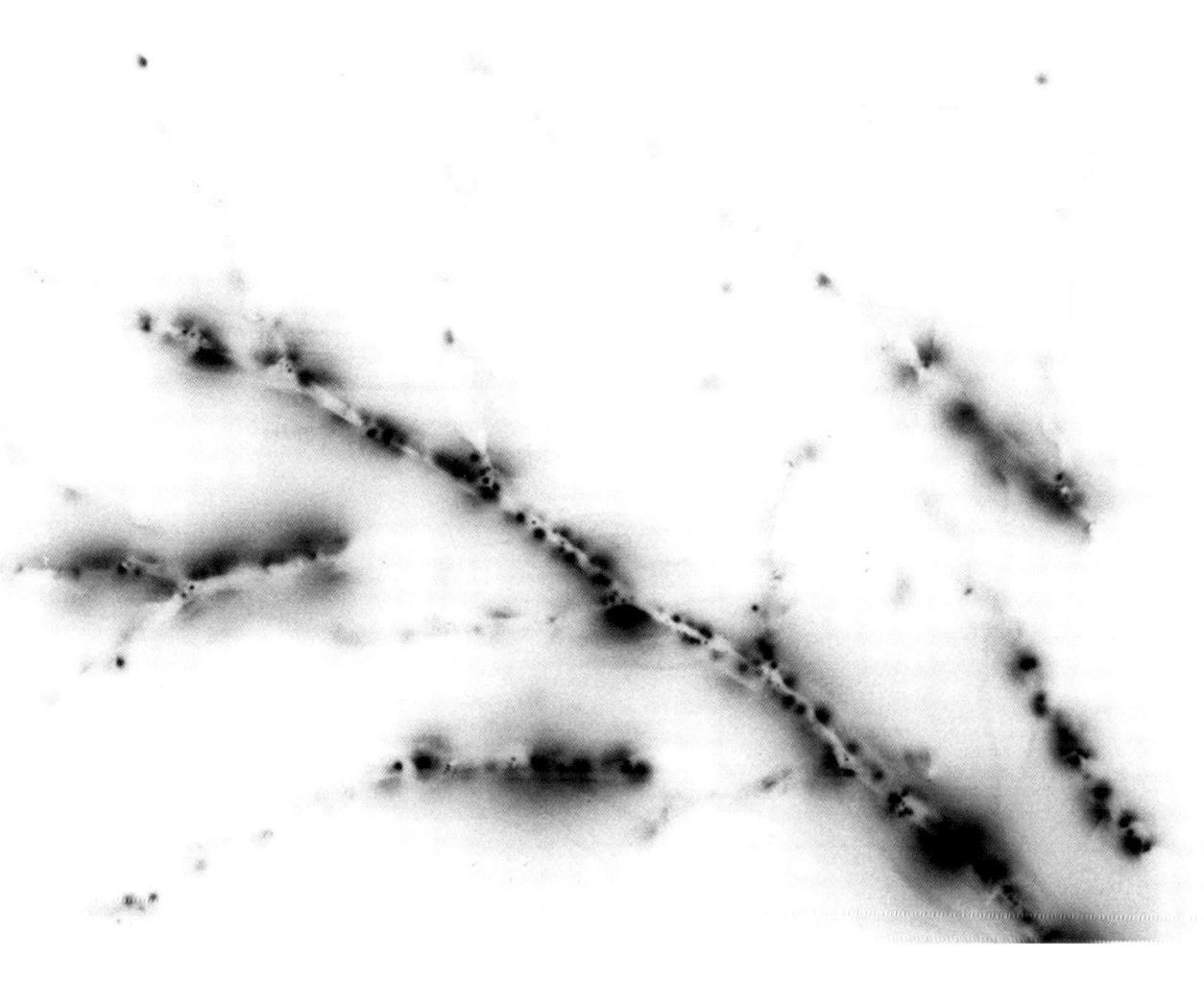

桜の枝

飯舘村長泥（2012年6月）

放射線量：桜のつぼみ　31405 Bq/kg

　この枝は、飯舘村長泥地区の国道399号線にある桜の名所で採取した。同年3月には併設されている展望広場で10μSv/hの高線量を記録していた。2011年に放射性降下物を浴びた枝は、放射線を強く発しており、そのあと伸びた枝やつぼみにも放射性物質が移行していることがわかる。福島県や近県では、どこの桜の木も特別には樹皮を除染していないと思われるので、毎年新しい枝が伸びるたびに放射能は新梢に移行していくことになる。

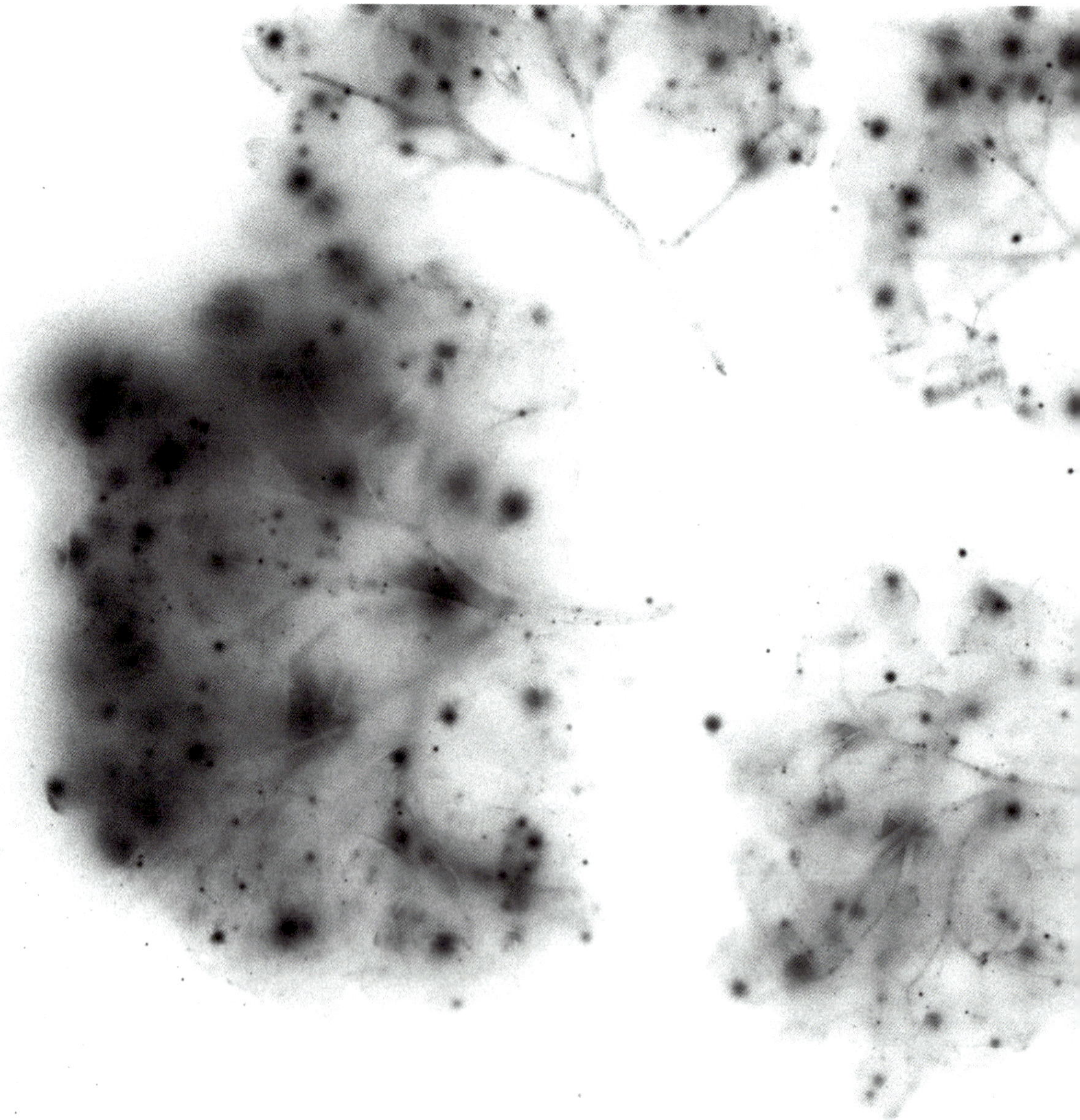

アジサイ

飯舘村長泥（2012年3月）

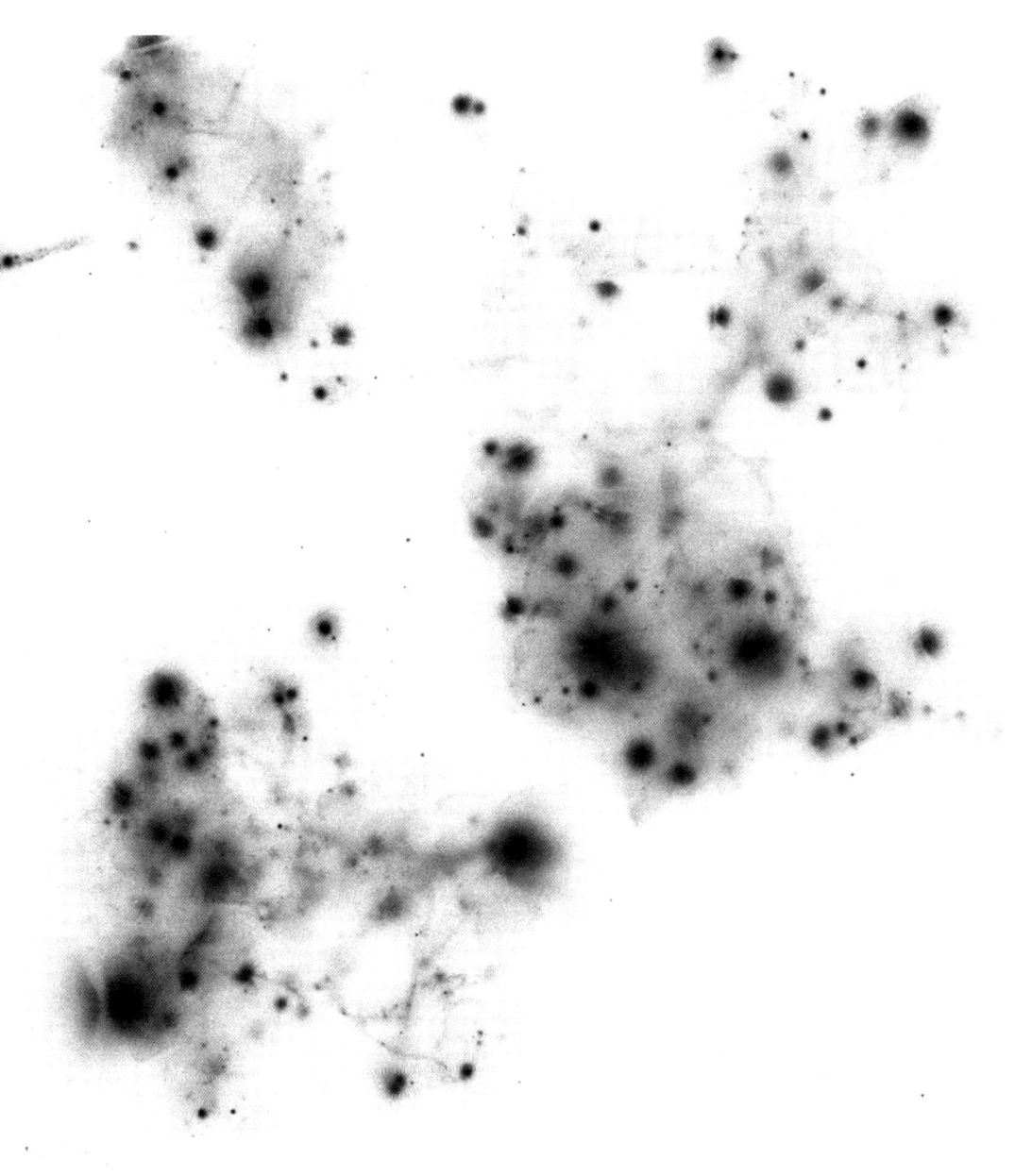

　このアジサイの花は、道路沿いの民家の垣根に植えられていた。2011年3月の原発事故の後、6月頃に咲いたものである。2012年3月まで落下せずに立ち枯れていたところを採取してきた。周囲の植物や土壌が受けた放射性降下物が、その後の風雨によって再度飛散や滴下し、この花を二次汚染させたものと思われる。このアジサイの植え込みの中は、空間線量が地上1mの高さで17.8μSv/hであった。長泥地区は飯舘村の中でも特に汚染が強く、2015年1月現在も帰還困難区域として立ち入ることができない。

センダン草

福島市渡利（2012年7月）

　福島市渡利地区の竹藪の中に生えていたセンダン草。根が浅く土壌の表層を這っているので、強く放射能汚染した土がこびり付いて剥がれない。地上部も内部被曝以外に竹から飛来した放射性物質の二次汚染で外部被曝していることがわかる。汚染樹木がある限り、下草の表面汚染は絶えることがないだろう。のちにこの竹藪は、表土剥離による除染が行われた。密生していた竹林の3分の1くらいは伐採され、雑草も一切なかった。土の表層で0.23μSv/hであった。

フキ

飯舘村（2012年9月）

　飯舘村の渓流で採取した野生のフキ。土壌に吸収された放射性セシウムが、根から吸収されて茎を通って、すべての葉脈と葉肉細胞にまで分布している。特に写真中央の若い新葉に優先的に移行していることがわかる。このように細胞分裂が盛んな新生組織に放射性セシウムが移行するのは、カリウムやリンの移行と同じパターンである。また、可食部の茎も汚染が強い。各所の濃い点々はフォールアウトを受けたことによる外部被曝である。

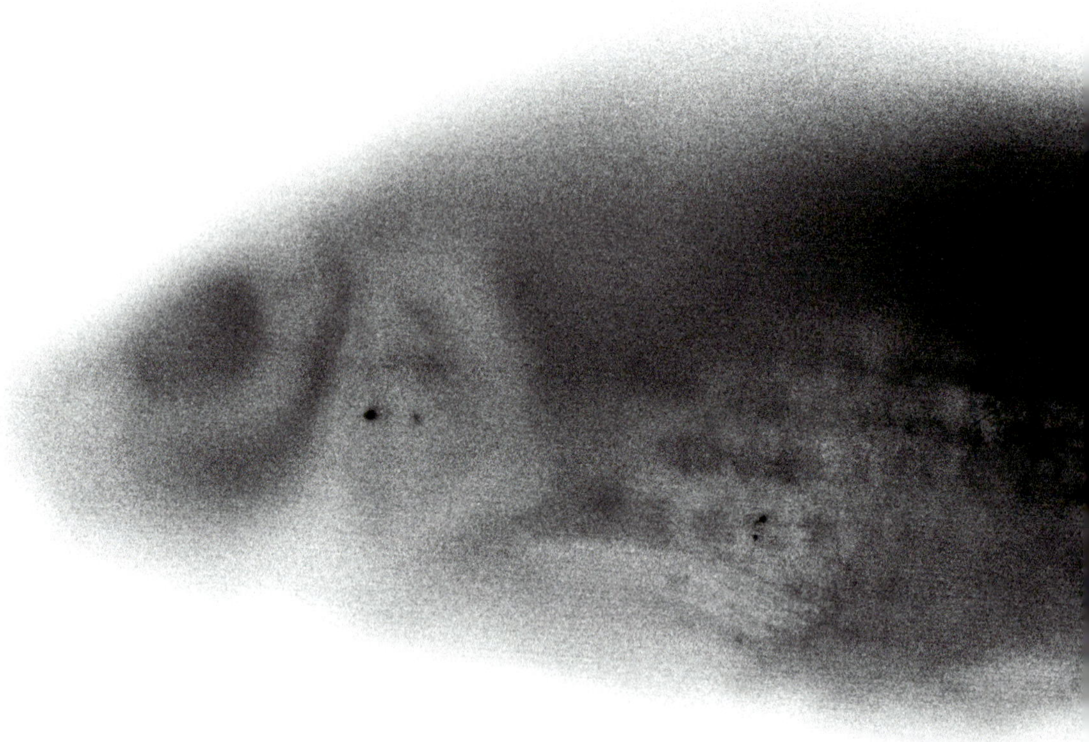

鯉

浪江町津島（2012年8月）

放射線量：25788 Bq/kg、290 cpm
　　　　（K-40検出限界値以下）

　この鯉は、浪江町津島地区の水深の浅い小さなため池で採取した。体長は約40㎝。津島地区は、2015年1月現在も帰宅困難区域に指定されており、立ち入ることができない。放射線像を見ると、筋肉が発達した背中から尾びれの付け根まで真っ黒である。筋肉に放射性セシウムが集積していることを示している。エラや鱗が模様となって表れているのは、骨や軟骨によって体内からの放射線が遮蔽されているため。水中で汚染した泥が付着したためだろうか、尾びれは外部被曝している。

きのこ

福島市渡利（左）、飯舘村佐須（右）（2012年）

　左のきのこは広葉樹の落ち葉に、右のきのこは針葉樹の落ち葉に生えていたものである。どちらの落ち葉も2011年3月中旬にフォールアウトを受けて被曝し、落葉。その落ち葉に、あとから発芽して生えてきたきのこの菌糸が寄生して放射性セシウムを吸収した。このため、きのこは落ち葉の放射能汚染度と同じ汚染度を示していることがわかる。きのこの菌糸は落ち葉の導管や師管に総がかりで陥入し、直接すべての栄養素を摂取（収奪）するので、乾物重当たりのセシウムの放射能値（比放射能）は落ち葉とほぼ同じになる。落ち葉の黒い濃い点々は放射性降下物そのものである。

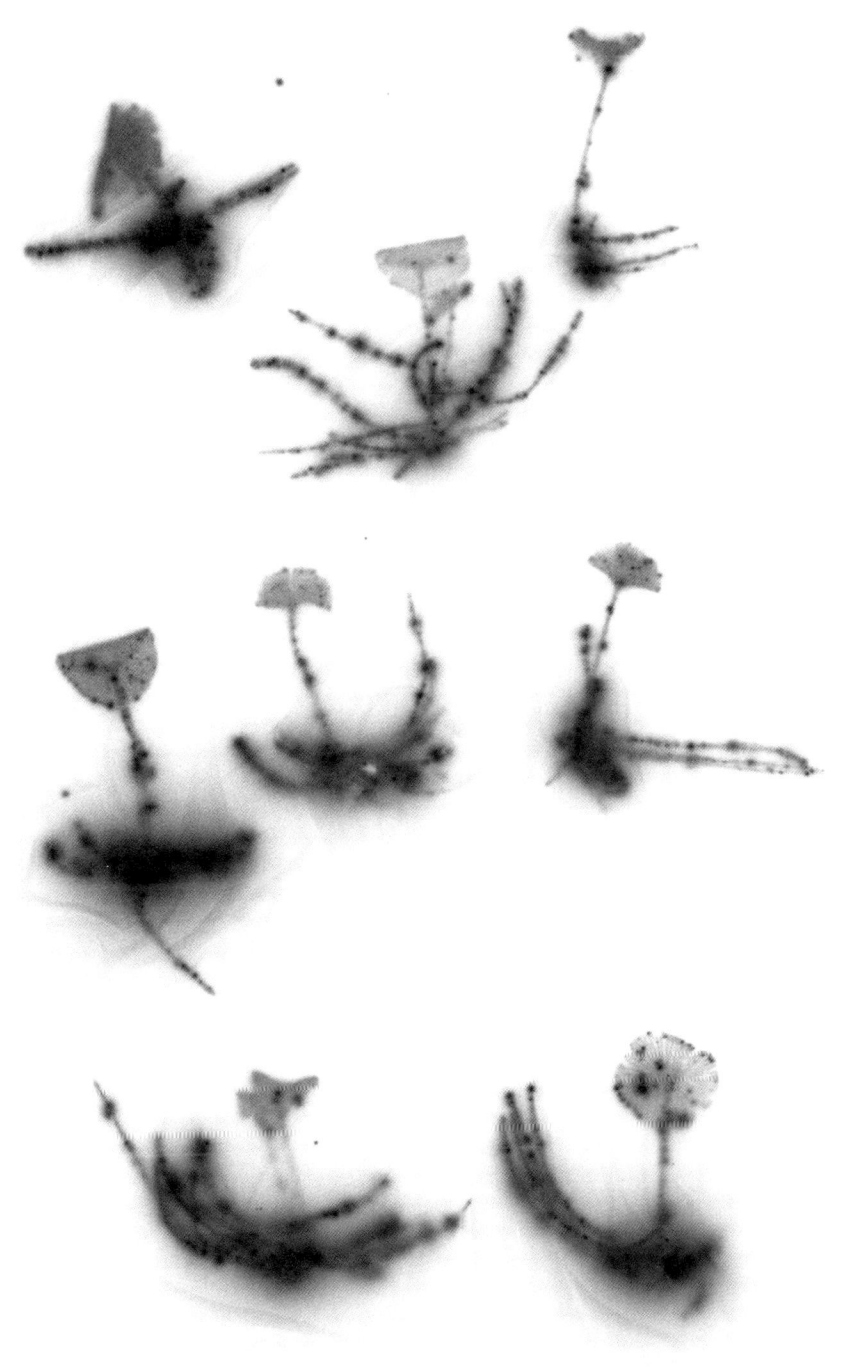

羽

浪江町津島（2012年6月）

放射線量：70 cpm

　長さ30cmほどある大きな羽である。鷹か鳶のものと思われる。根本から先端まで黒い点々が広がっている。原発事故直後、大気中に放射性物質がまだ舞っている中をこの鳥が飛んでいたと考えられる。羽の輪郭がくっきりと見える。また先端にいくほど汚染が強い。これは付着した放射性物質が雨や霧を受けて溶け出し、羽ばたきによる遠心力で隅々までいき渡ったためと考えられる。鳥の羽を撮像すると観察される特徴的な現象である。32、33ページは、この羽の像の中央よりやや下の部分を拡大したもの。

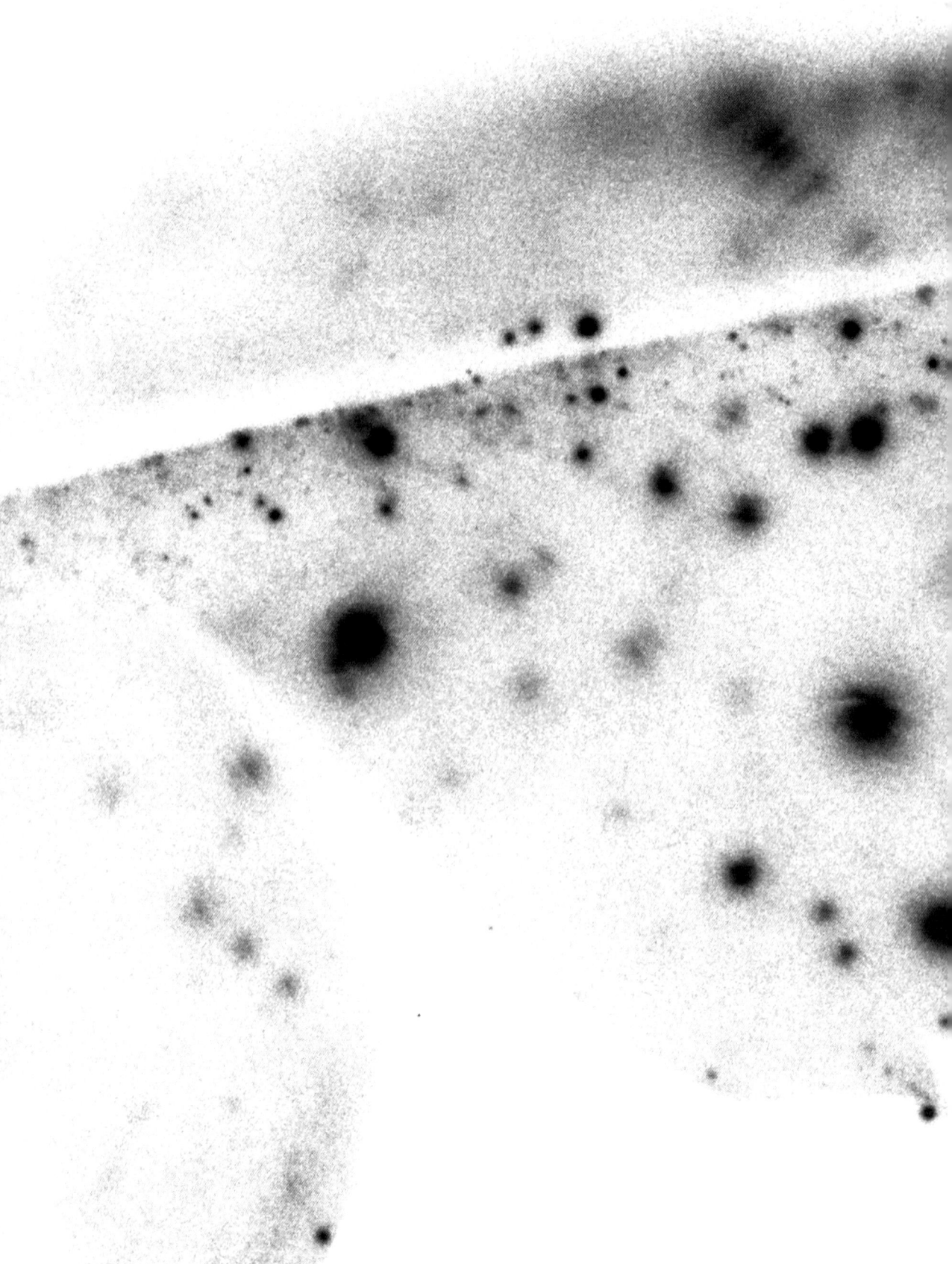

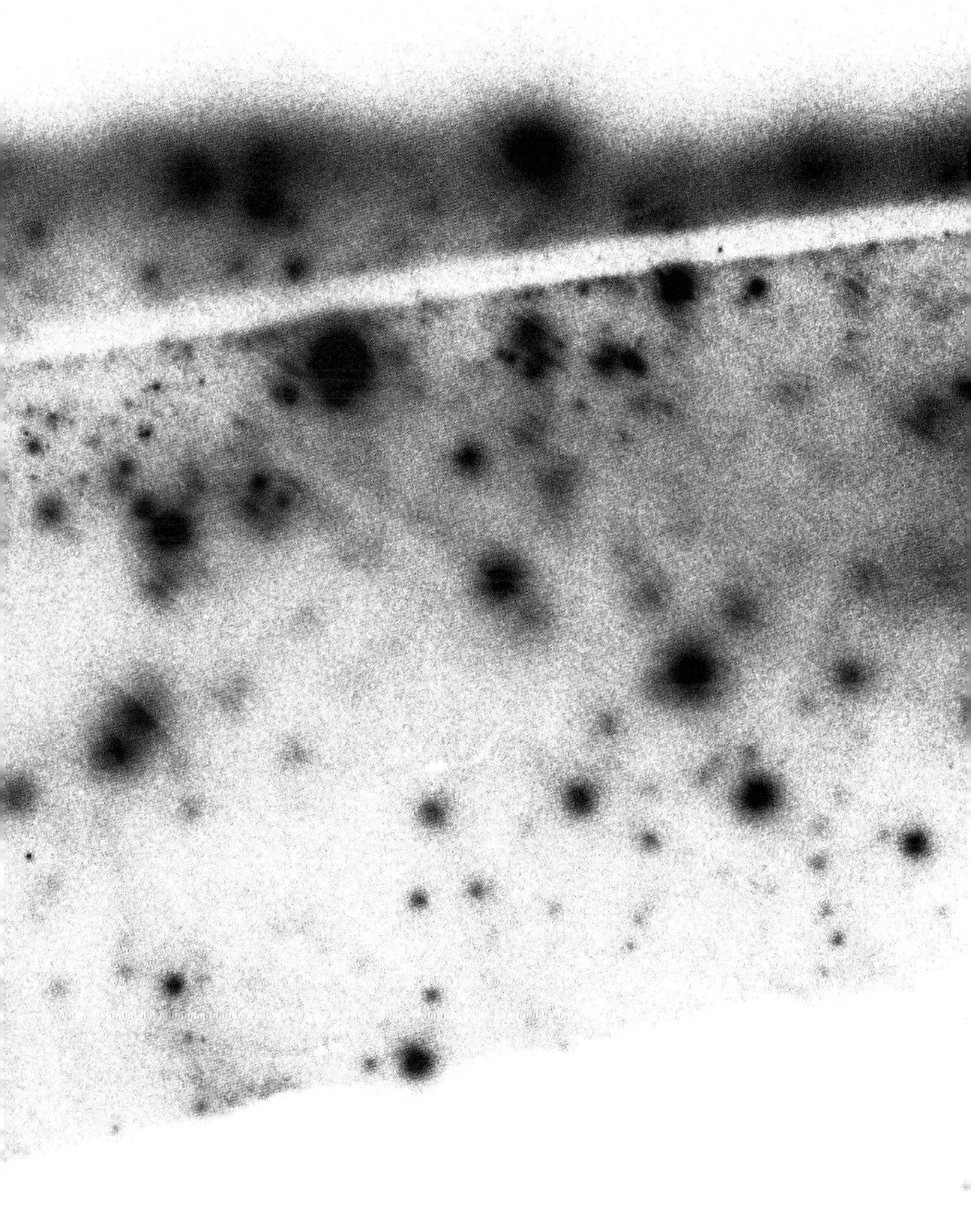

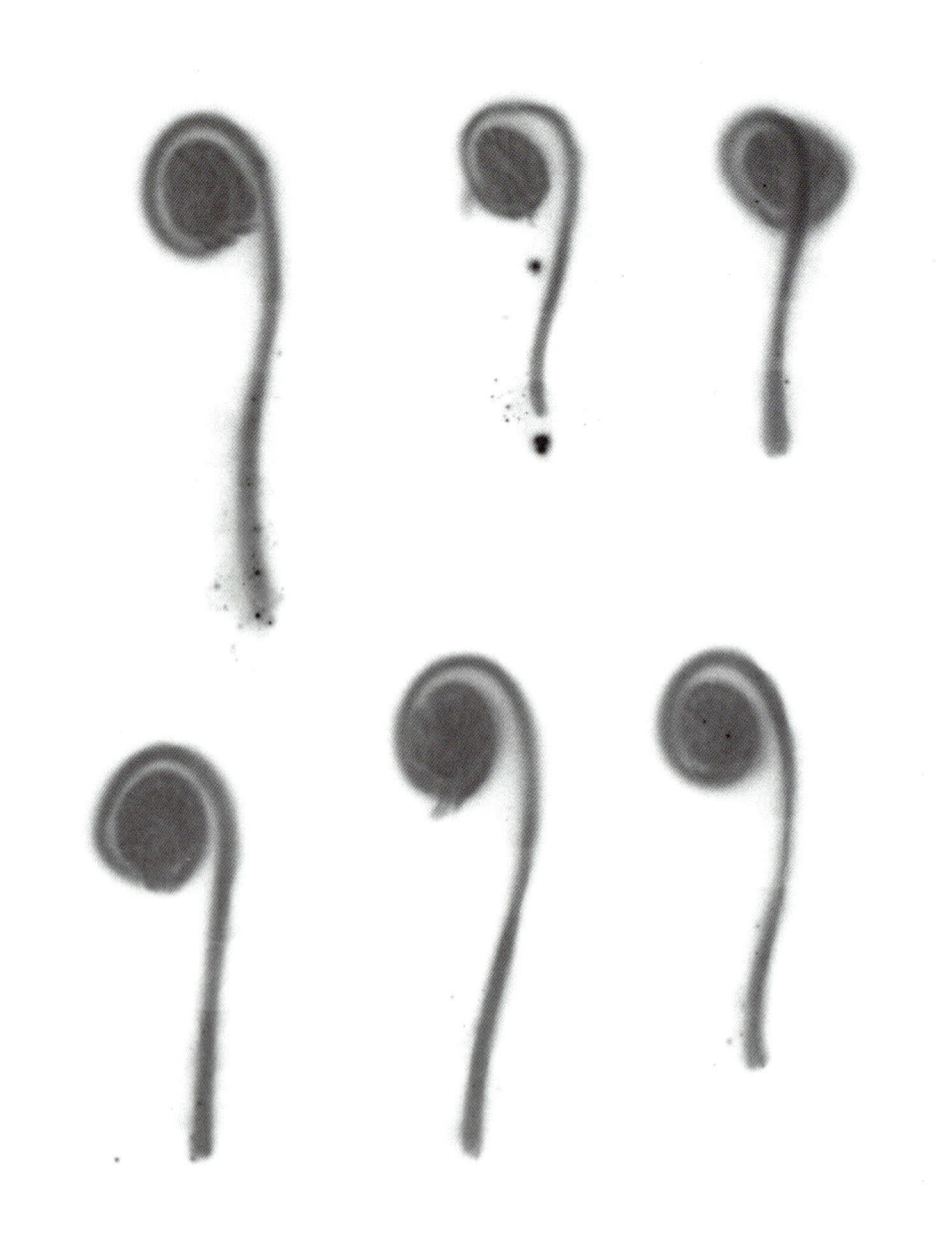

ゼンマイ

飯舘村（2012年）

　ゼンマイの形をした影は、すべて内部被曝を示している。「の」の字型の主軸が放射性セシウムで濃く感光しているが、実物写真と比較するとその周りのケバケバにはほとんど放射性セシウムが存在していないことがわかる。セシウムはカリウムと同様、最新の分裂伸張組織に集積するのである。

杉の葉

茨城県ひたちなか市（2012年）

放射線量：葉　6040 Bq/kg　（ただし Cs-137のみ）

　2011年3月15日午前に放出された放射能のプルームは、いわき、水戸、埼玉、東京、茅ヶ崎と茨城県を南下したとされている。このとき、ひたちなか市の社寺林の杉は猛烈に被曝した。それを1年後の2012年に、地元の木炭業者である平戸昭氏に送って頂いた。この葉の上3分の1は12年になってから伸びてきた葉で、外部汚染がほとんどなく、内部被曝も最新葉の先端が少し濃いことがわかる。これはカリウムの移行と類似している。

サンプル提供：平戸昭氏

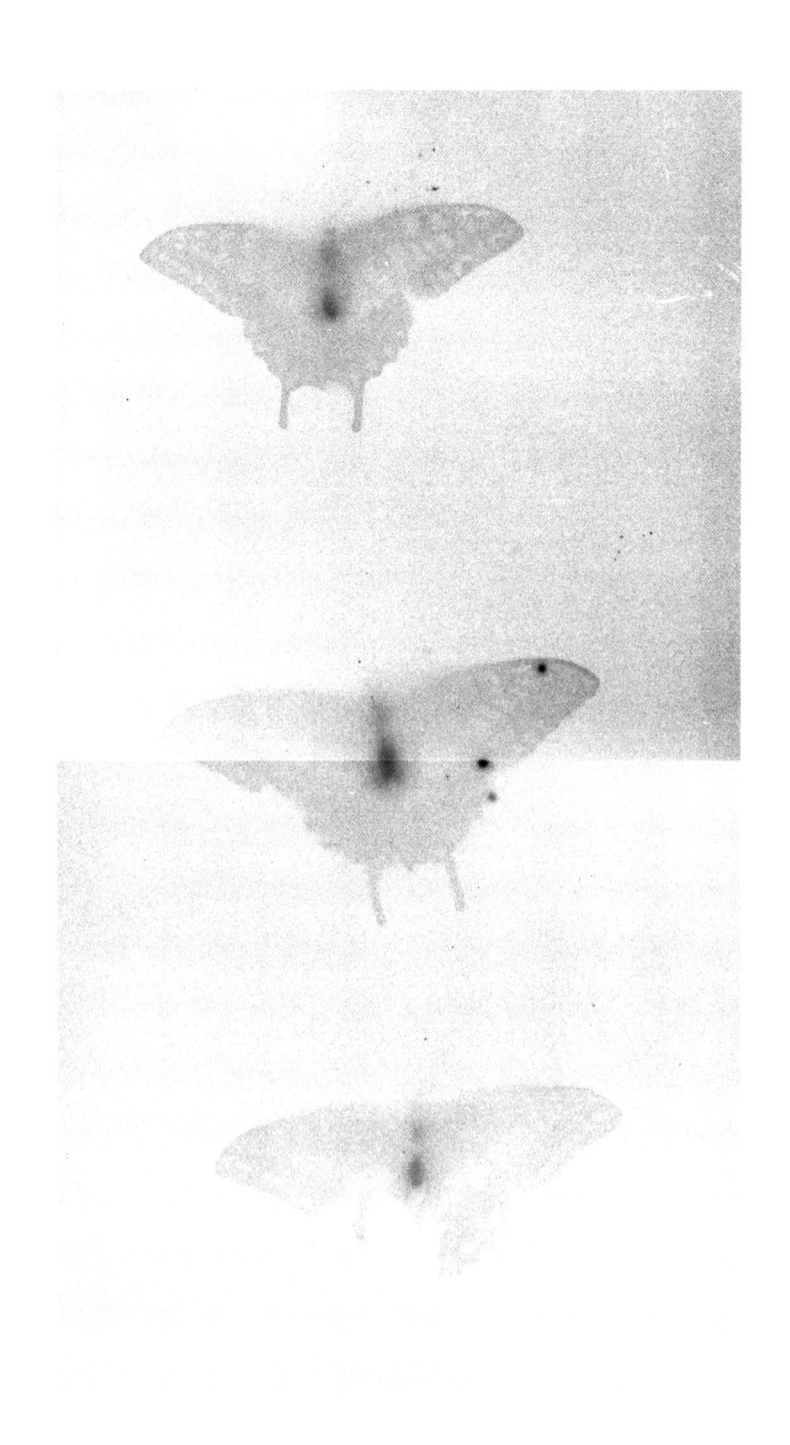

アゲハ蝶

飯舘村比曽(2012年8月)

放射線量：胴体　919 Bq/kg
　　　　　羽　　943 Bq/kg（K40検出限界値以下）

　汚染は弱いものの、胴も羽も内部被曝している様子がわかる。また3匹とも胴下部の腹部が、他の部位よりも放射性物質をため込んでいる。上から2匹目の蝶は、羽に点々と放射性物質を含んだ埃を付けている。また拡大してみるとどの蝶の触角にも同じように埃が付着していた。わずかながら羽の模様も確認できる。

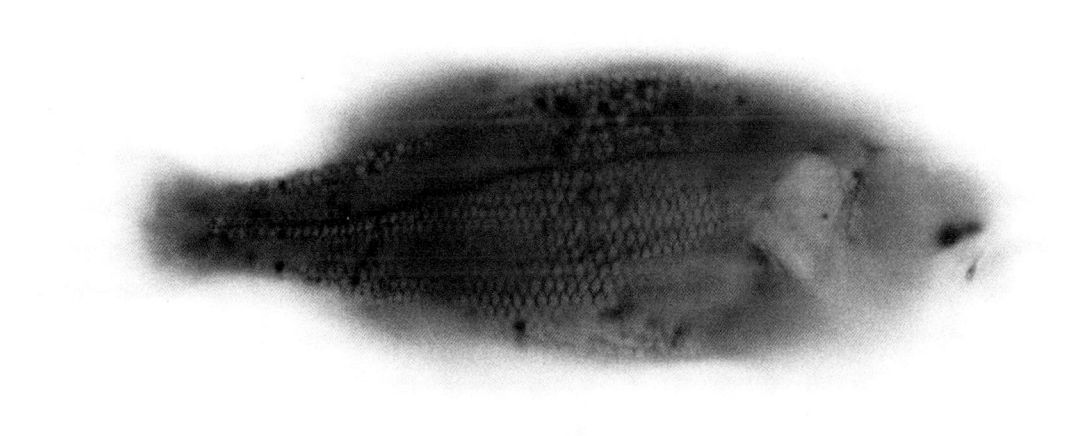

ブラックバス

飯舘村 あいの沢（2012年8月）

放射線量：315cpm

　全身の筋肉から放射線が出ている様子がわかる。エラの形が白く見えるのは骨によって放射線が遮られているため。上顎と鱗に点々と濃く写った部分があり、水中で外部被曝している。また、エラから尾びれまで伸びている側線と鱗の境目が黒く浮かび上がっている。黒く写った鱗と側線を覆う鱗を採取し観察したところ、池の泥か懸濁物質と思われる汚れが付着していた。これらを介して放射性セシウムが付着したものと思われる。39ページは、このブラックバスのエラより左側の部分を拡大したもの。

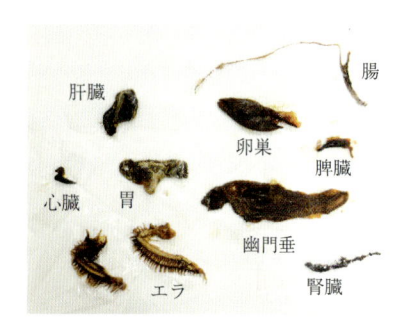

ブラックバスの内臓

放射線量：100 cpm

　これは、前のページのブラックバスの内臓である。放射線像を見ると、心臓、肝臓、胃、腎臓といった臓器の汚染が強いのがわかる。エラや幽門垂は比較的汚染が弱いようだが、幽門垂は内容物の通り道に沿って汚染の濃淡が縞模様として現れている。エラの黒い点は外皮と同様に水中で泥や懸濁物質が付着し、外部被曝したものと考えられる。

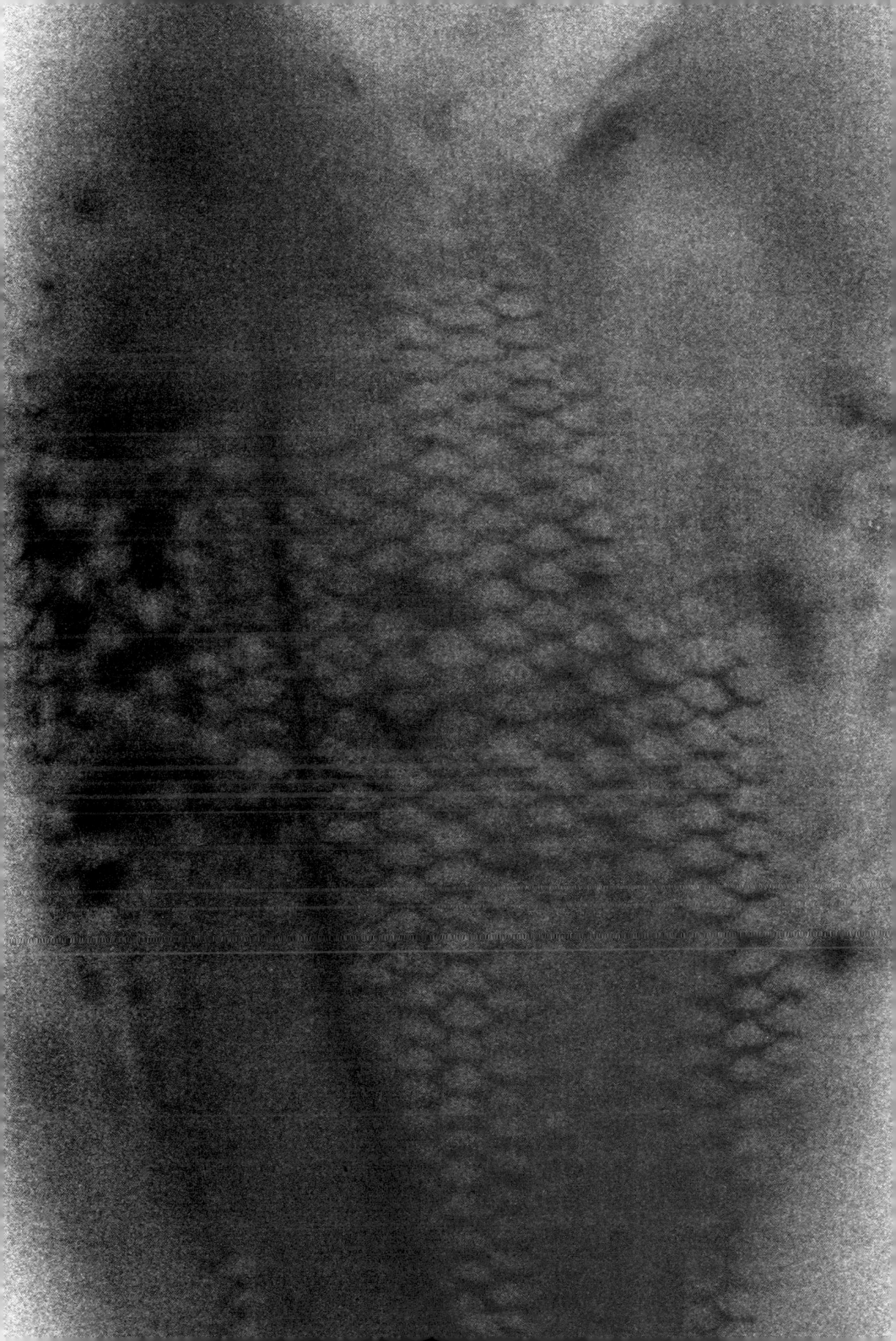

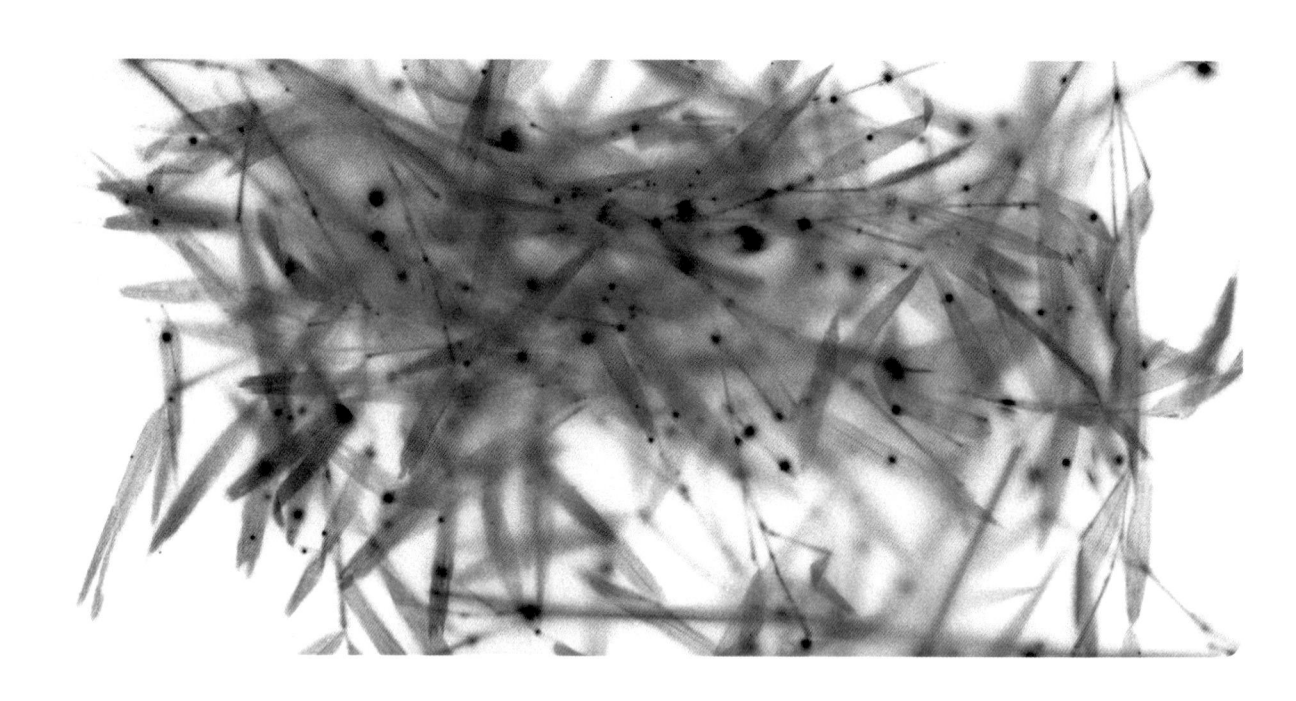

真竹

飯舘村草野（2012年）

　真竹の林の中に入ると4〜5μSv/hであった。竹林の持ち主が避難して、手入れをする人がいなくなったため、地面に積もった竹の葉が昨年、一昨年と層をなしていた。その最上部の層をごっそり取ってきて、そのままの形で上からイメージングプレートをかぶせ撮像した。外部被曝のフォールアウトが点々としている。これは、風雨による二次的な外部被曝であると思われる。竹の葉自体も内部被曝している。

野イチゴとハギ

飯舘村飯樋（2012年9月）

　この野イチゴ（左）とハギ（右）は同一地点で採取した植物である。野イチゴは匍匐性で地面を這い回ったり他の植物に絡んだりしている。このため葉の表面が風雨による汚染した土壌の舞い上がりを受けて、外部被曝している。それに比べれば、地面から直立しているハギは上位にいくほど風雨による砂塵の舞い上がりによる汚染が少ない。ベラルーシやウクライナではきのこばかりでなく、野イチゴの摂取をいまだに禁止していると聞く。

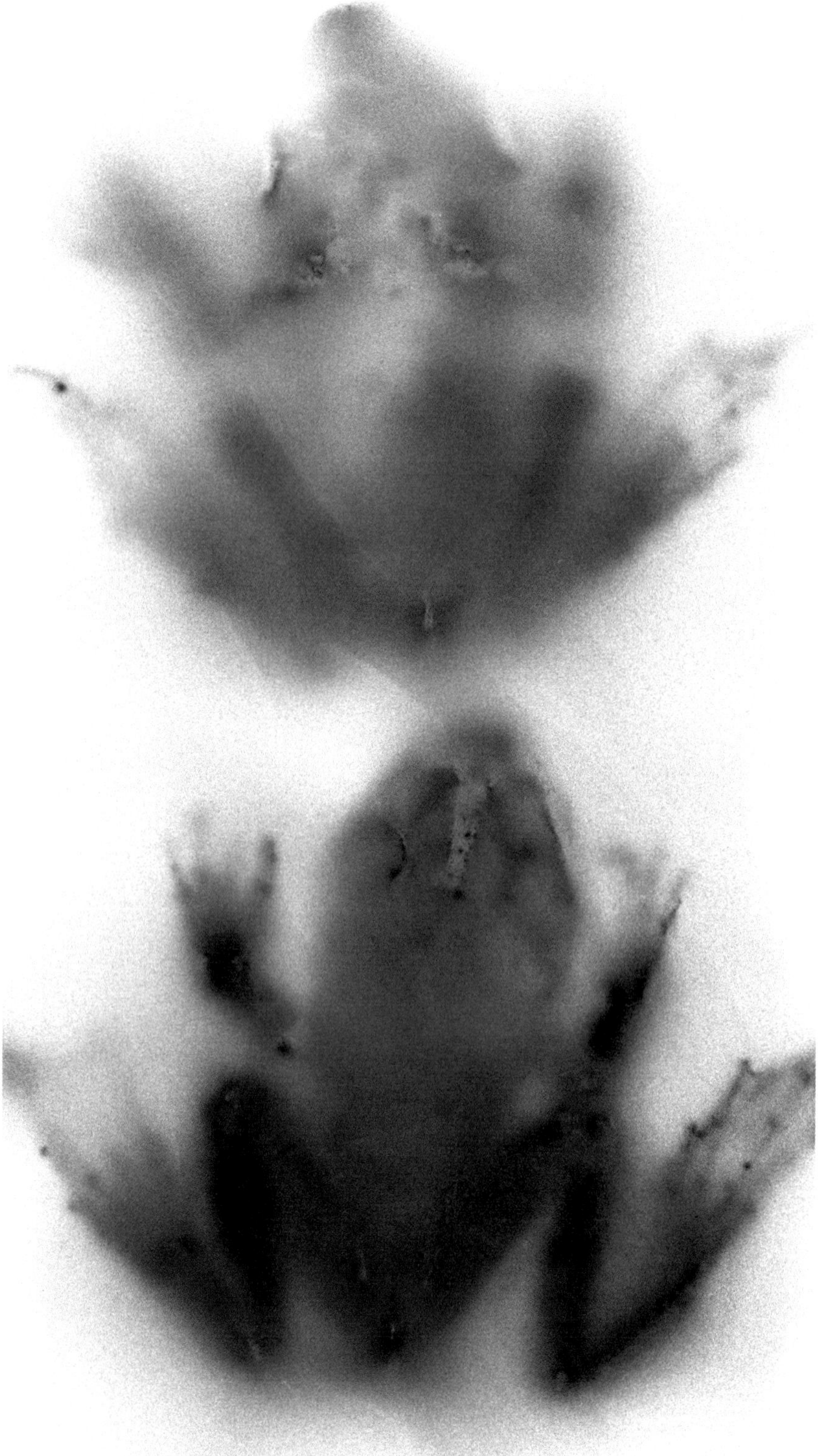

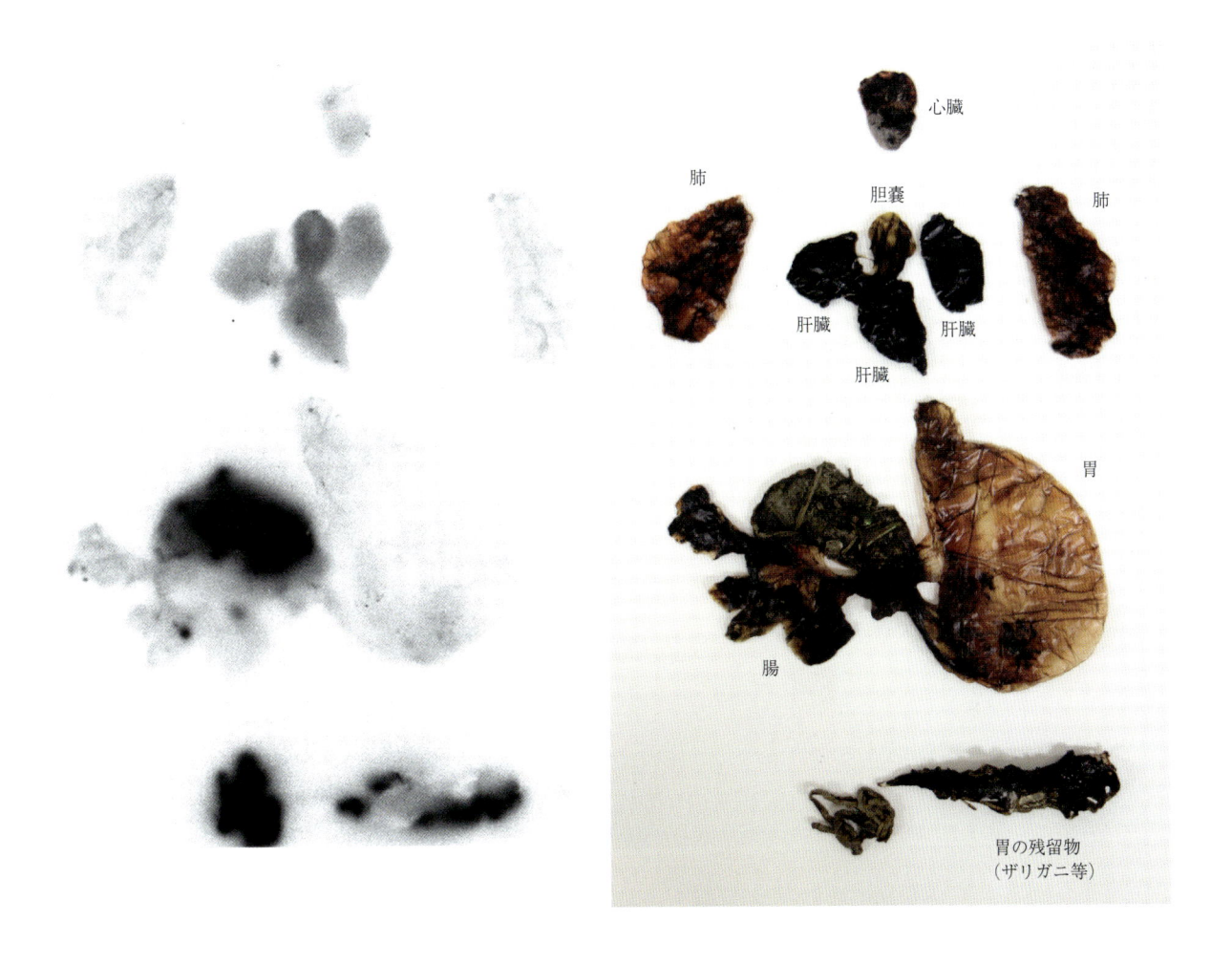

ウシガエル

飯舘村草野（2012年8月）

放射線量：250〜300 cpm

　飯舘村草野地区のため池で、大量に繁殖していたウシガエルを2匹採取してきた。上は腹側、下は背中側を撮像したものである。像を見ると、他の小動物と同じように発達した太腿と腕部の筋肉に放射性セシウムが移行している。下のカエルの頭の中心部にやや平面な部分があり、黒い点々で外部被曝が写っている。おそらく全身の上皮を平らにして撮像すれば、いたるところにこのような外部被曝が見つかるはずだ。

ウシガエルの内臓

放射線量：50〜60 cpm

　右の放射線像は左のウシガエルから摘出した内臓である。胃と腸の残留物から強い放射線が出ているのがわかる。これに対して内臓自体の汚染は少ないようだ。しかし、肝臓が他の臓器よりも汚染しているのがわかる。特に肝臓に囲まれた胆嚢の汚染が強い。胃腸の残留物は、トンボやザリガニ、昆虫といったものだったが、黒々と写っているのは汚染した泥が付着していたため。

通気口フィルター

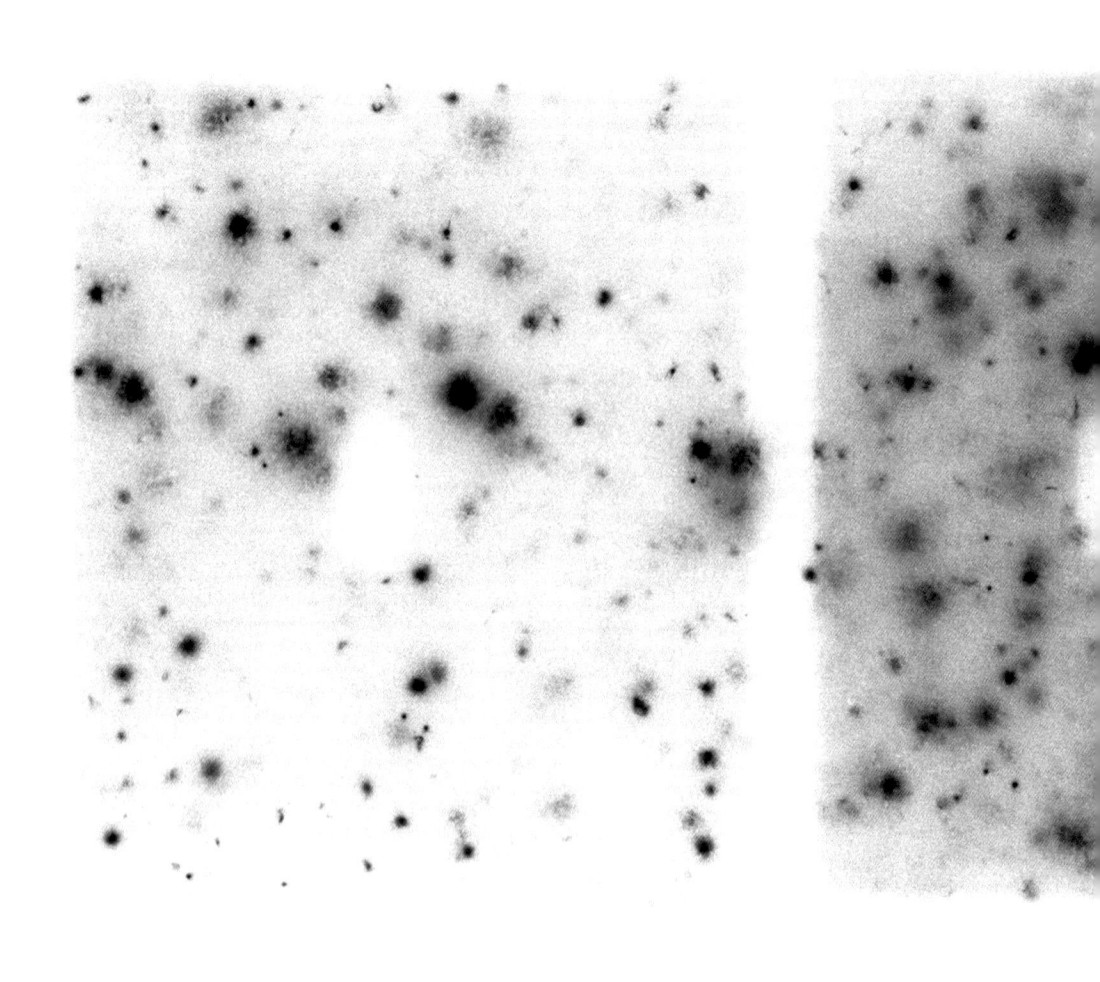

茨城県つくば市（2012年12月）

放射線量：寝室（左）　　　　5778 Bq/kg
　　　　　リビング（中央）　12919 Bq/kg
　　　　　キッチン（右）　　13757 Bq/kg、いずれも100 〜 130 cpm

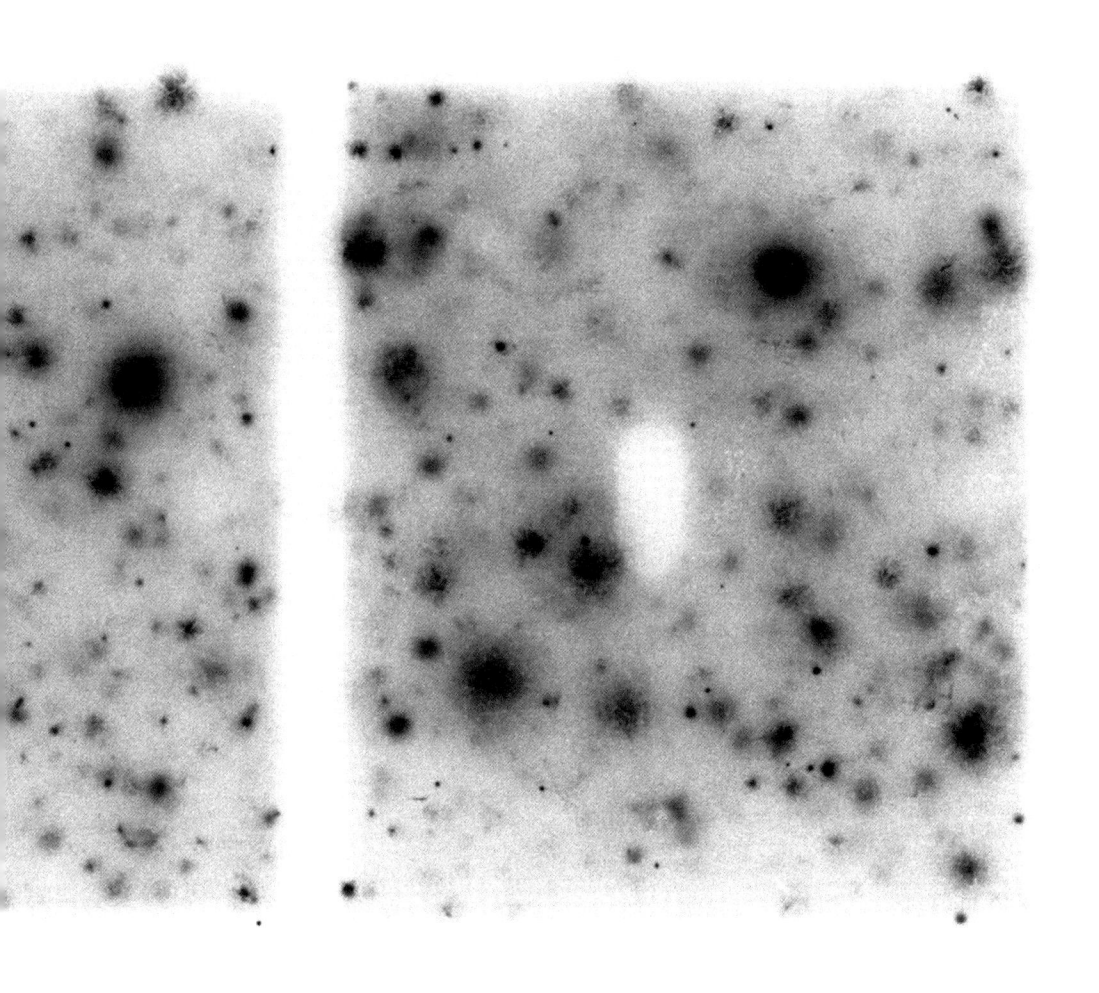

これは、茨城県つくば市の一戸建て住宅の壁に設置されていたフィルターである。ここは茨城県内でホットスポットと呼ばれる地域ではない。住んでいる方の話では、少なくとも原発事故後3日間は換気扇を止めていたとのこと。しかし、どの部屋のフィルターにも放射性物質が付着している。このフィルターは目の粗いスポンジ状のものなので、放射性物質の一部は捕捉されずに室内に侵入して、住民がそれを吸った可能性が高い。

ヤマドリの翼

飯舘村上飯樋（2012年11月）

放射線量：80 cpm

　黒く点々と写っているのは、放射性降下物が直接付着した汚染ではなく、土埃を主とした二次汚染と考えられる。雑草が背高く生えた耕作放棄地帯を歩き回っている間に、汚染が付着したのだろう。直接フォールアウトを受けた羽はすでに生え変わっていた。一部の黒い点がボヤけているのは、放射性物質が羽の反対側に付着していたため。
サンプル提供：伊藤延由 元いいたてふぁーむ管理人

ヨモギの葉

飯舘村飯樋（2012年）

　ヨモギには時々綿毛のようなものが付く（左カラー写真参照）。なにかの虫が幼虫の孵卵のために口から出して作ったものかと思うが実体はわからない。こんな綿毛を付けたヨモギの葉っぱを、互いに1m以内に近接した場所から採取した。綿毛に特異的に放射能が検出されるのではないかと思ったからである。結果的には、確かに綿毛の部分はヨモギの葉よりもわずかに濃い、という以上の情報は得られなかった。しかし3枚のヨモギの葉は内部汚染の違いが極端であった。この違いは、これらの葉に導管でつながっている根がそれぞれどれだけ放射能汚染土壌に接触していたかによるものと思われる。

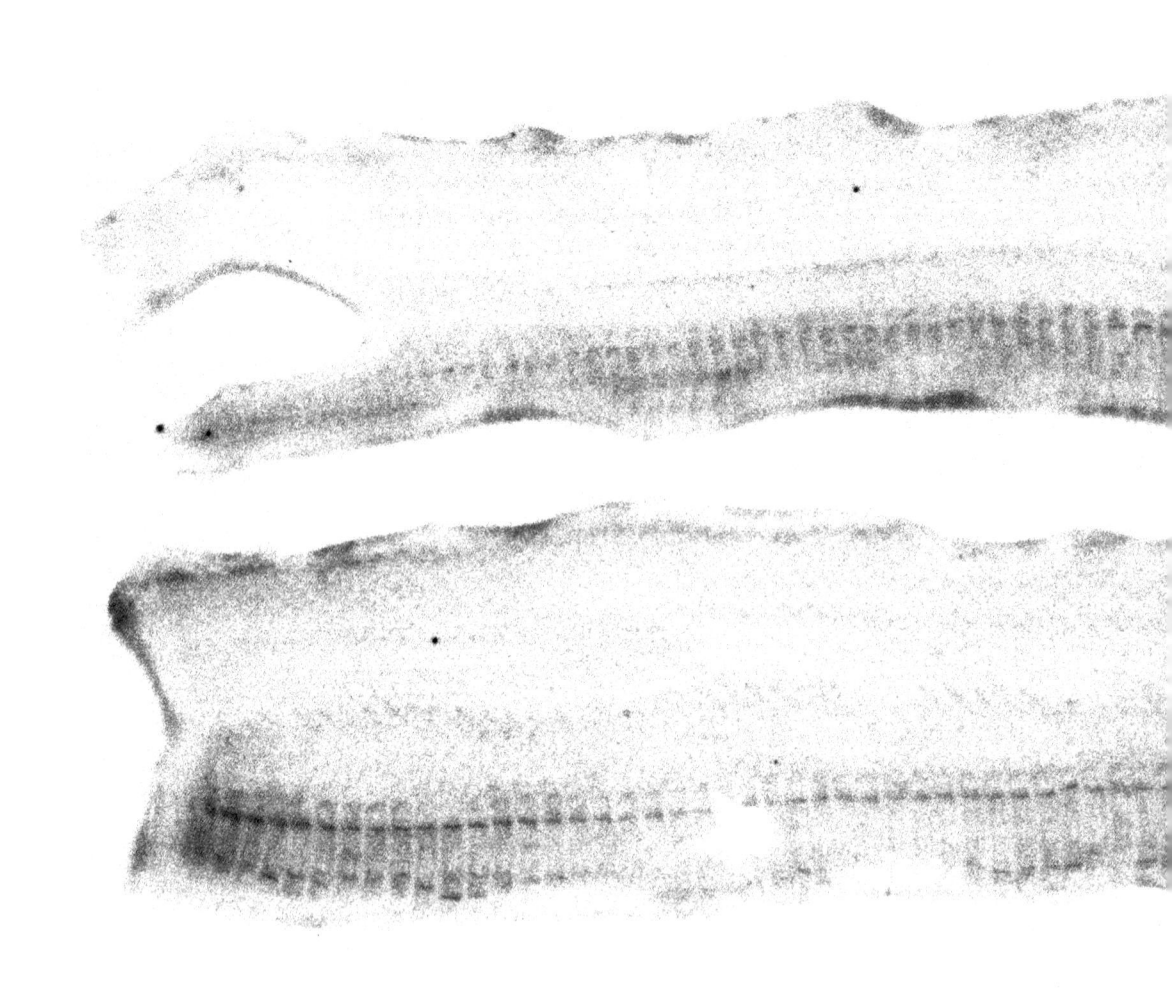

ヘビの外皮

飯舘村比曽（2012年）

放射線量：80 〜 100 cpm

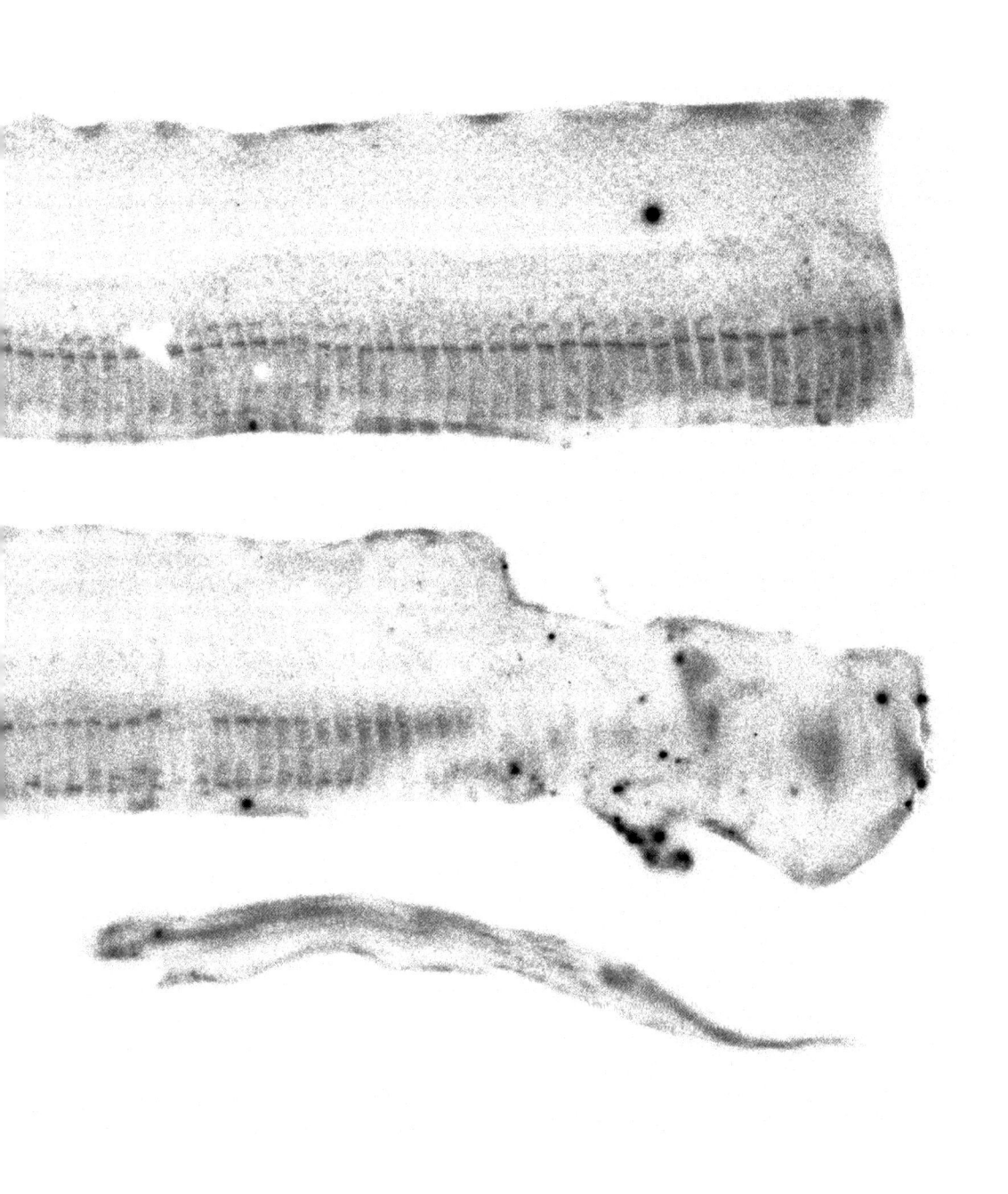

黒い点々で写っているもの以外は内部被曝である。汚染の強さの違いにより、細かな鱗や蛇腹(じゃばら)の模様が相対的に浮き出て観察される。外皮にも放射性セシウムが移行しているということは、ヘビは脱皮を繰り返して、幸運にも放射能を体外に排泄していたことになるわけである。放射能の絶対値を測っていないが、ヘビの皮が薄いので、この放射線量は実際には非常に高い数値（Bq/kg）となるはずである。

2013

　この年から日用品のサンプリングも始めた。6月、浪江町住民の方の一時帰宅に同行させていただき、国道6号線から初めて浪江町の中心地へ向かった。原発周辺の帰還困難区域には局所的に汚染の強いエリアが存在し、大熊町総合スポーツセンター付近では17μSv/hを車内で計測した。ご自宅に到着し、原発事故発生当時からそのままの日用品や、屋外に放置されたさまざまなサンプルをご提供いただいた。10月には飯舘村長泥地区にも、別の方のご協力で入ることができた。天然木を内装に使った立派なご自宅で、軍手などさまざまなものをサンプリングさせていただいた。
　この年、多くの日用品の撮像を通して気が付いたことがあった。雨や雪に直接当たっていないサンプルにも万遍なく放射性物質が付着しているということである。原発から放出された放射性物質は雨や雪によって降下したと繰り返し報道されていたため、これらに取り込まれなかった放射性物質の存在を忘れていたのだ。放射能汚染の実態をまだまだ認識できていなかったし、これからわかることも、まだあるのかもしれない。（加賀谷）

放射線像

放射能を可視化する

東京大学名誉教授 森 敏
写真家 加賀谷雅道

見えないなら、見えるようにすればいい――

歴史上初めて放射能汚染を可視化し、記録した写真集

音もなく、臭いもなく、目にも見えない放射能。しかし「オートラジオグラフィー」という手法で放射能をあびたサンプルを撮像すると、白黒の「放射線像」が浮かび上がる。東京電力福島第一原発事故で放射能汚染を受けた、動植物や日用品の「放射線像」60点以上が、本書で初めて公開される。全ての像に詳しい解説がつき、カラー写真と数値情報も掲載。

（カバー写真：軍手）

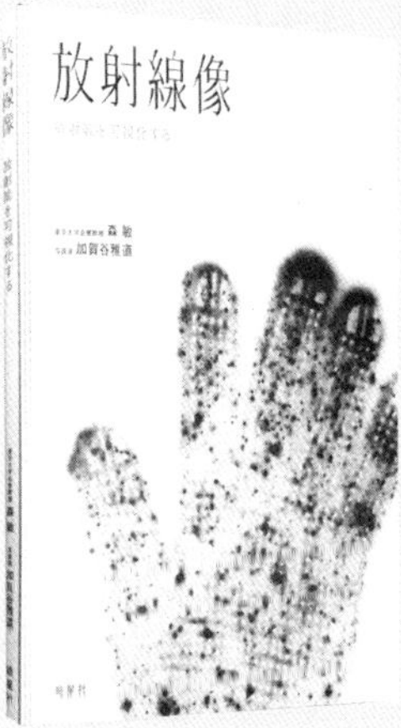

定価１８００円+税

B5判　112ページ　並製
ISBN 978-4-7744-0498-1
2015年2月発売

株式会社 皓星社

〒166-0004　杉並区阿佐谷南１-14-5
TEL 03-5306-2088　FAX 03-5306-4125

たかが一内閣の閣議決定ごときで

亡国の解釈改憲と集団的自衛権

憲法を骨抜きにされてたまるか！
立ち上がった若き市長と改憲派の重鎮が、
平和・戦争・権力を語り尽くす。

権力者はつねに「預かった権力を正しく行使できているか」という不安を持ち、自分を疑うセンスがなければならない。ところが、まわりに茶坊主みたいなイエスマンばかり集まると裸の王様になる。いまの安倍総理は、まさにそういう状態ではないかと思っている。（小林節）

選ぶのは市民や国民であり、その選挙民の思いこそ一番大事であり、そこがどうなのかを考えながら、ある意味、自分自身の行動にブレーキをかけるのが権力者だと思います。それが「たかが一内閣の総理大臣ごときが」という発言にもなるわけです。（山中光茂）

慶應大学名誉教授・弁護士
小林 節

×

松阪市長
山中光茂

定価１６００円+税
B6判　204ページ　並製
ISBN 978-4-7744-0496-7
2014年10月発売

タカ派改憲論者はなぜ自説を変えたのか
護憲的改憲論という立場

「タカ派改憲論者」の著者が、ついに「日本国憲法の真価」に思い至るまでの良心の軌跡をたどる。

言葉の正しい意味で「君子は豹変す」とは、己の過ちを悟るや豹の毛皮のように鮮やかに改めること。「小人は面を革める」と上辺だけ変わったふりをする小人と異なり、著者は己の学説に固執しない。
憲法学者である著者の根底には立憲主義があり、憲法は権力を縛る道具であり、国民が幸福に暮らすためのツールであるという信条がある。従って、権力者が恣意的に憲法を改変することには我慢がならない。「権力者の改憲論に警戒せよ」と叫ぶ所以である。

慶應大学名誉教授
弁護士

小林 節

解説 野口健格
（中央学院大学専任講師）

定価１７００円+税

四六判 280ページ 並製
ISBN 978-4-7744-0500-1
2015年3月発売

新刊・好評既刊本のご案内

図書出版 皓星社

BEKIRAの淵から
証言 昭和維新運動

鈴木邦男 編著
Suzuki Kunio

昭和初期、政治家や資本家などの特権階級が権力をほしいままにする一方、庶民の生活は窮乏を極めていた。

そうしたなか、国家の変革・改造を目指し、命を懸けて立ち上がった決起者たちがいた。本書は、血盟団事件、五・一五事件、神兵隊事件、士官学校事件、二・二六事件に関わった当事者たちの貴重な証言を記録。〈第一部 当事者が鈴木邦男に語った「私の昭和維新」〉〈第二部 鼎談・対談で検証する昭和維新運動〉。『証言・昭和維新運動』（島津書房）の約40年ぶりの増補・改訂版。

予価2000円+税
四六判 328ページ 並製
ISBN 978-4-7744-0601-5
2015年4月発売

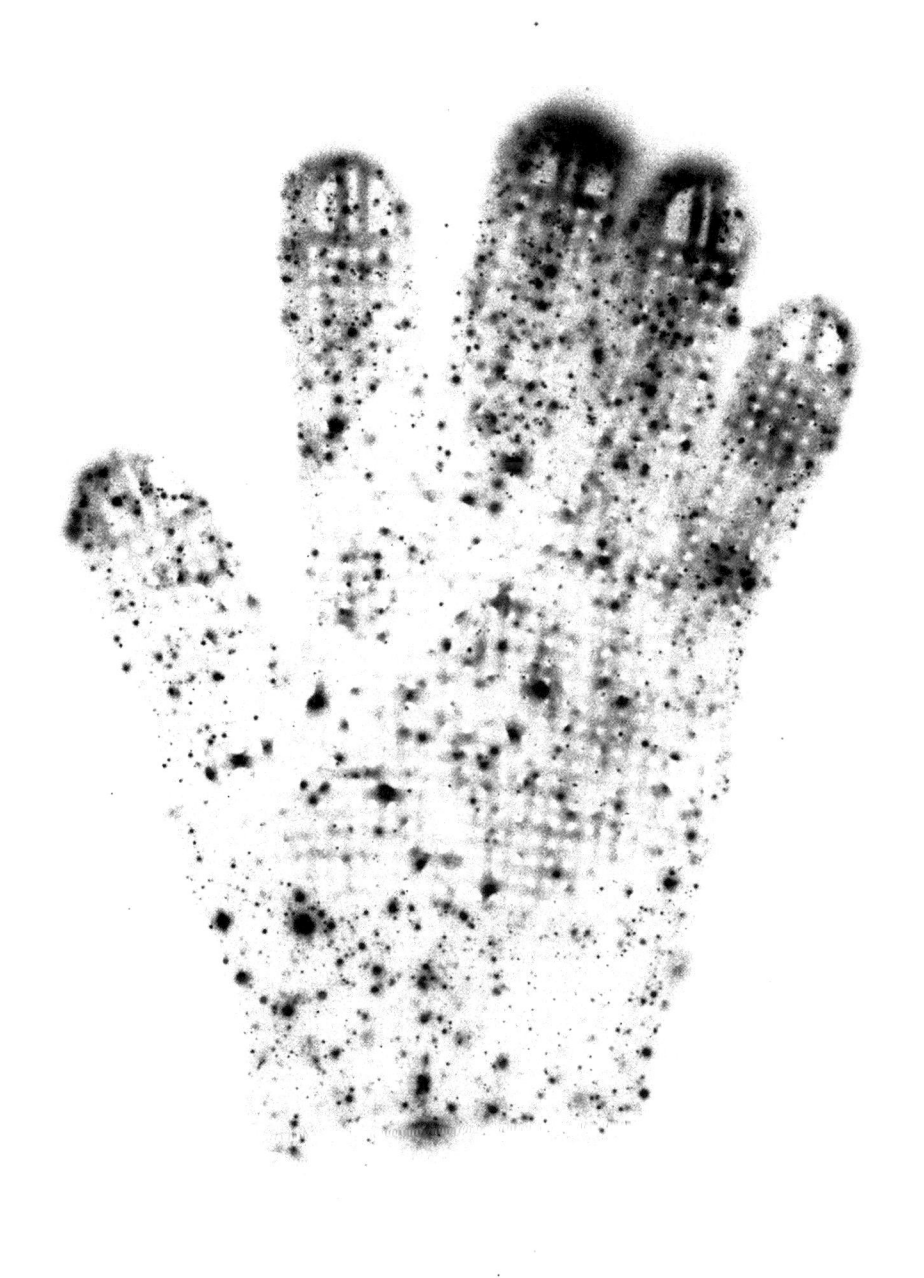

軍手

飯舘村長泥（2013年10月）

放射線量：1500 cpm

　帰還困難区域に指定されている飯舘村長泥地区で、ガレージの中に置かれていた軍手。全体に万遍なく放射性物質が付着している。土の付いた中指と薬指の先が強く汚染されているのがわかる。2011年3月中旬以降に何かしらの作業で使用されたはずだ。軍手の滑り止めとして使われている黄色いゴムが周囲の放射線を遮るために白く浮かび上がっている。周囲にポツポツと写っている黒い点は、イメージングプレートに設置する際にこの軍手からこぼれ落ちた土埃である。

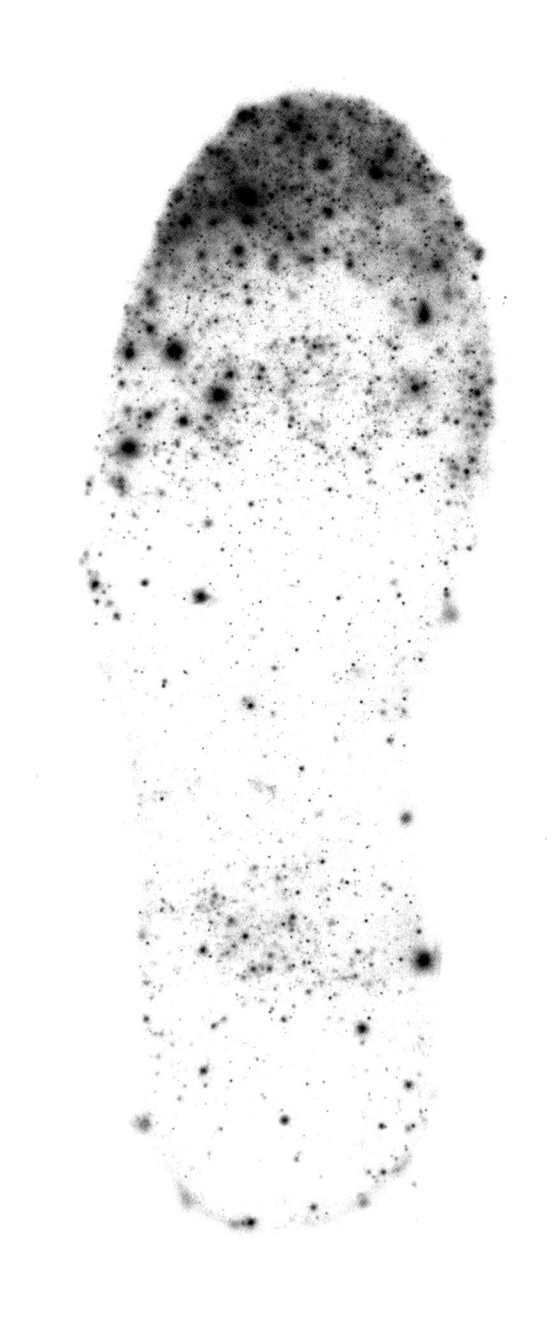

靴の中敷き

飯舘村長泥（2013年10月）

放射線量：310 cpm

　　　　飯舘村の帰還困難区域に指定されている長泥地区で、前のページの軍手と共にご提供いただいたもの。風通しの良い場所で、洗濯ばさみに吊るされていたが、洗濯はされていない。靴の奥、つま先の部分が強く汚染されているのがわかる。

サンプル提供（軍手・靴の中敷き）：杉下初男 前飯舘村長泥行政区長

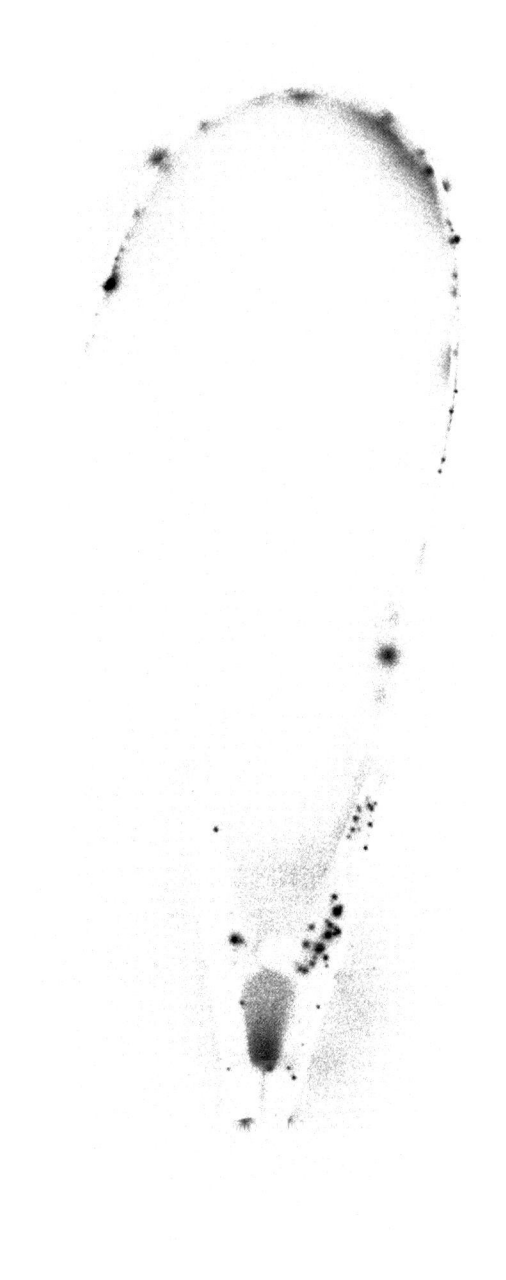

洗濯ばさみ

浪江町大堀（2013年6月）

放射線量：500 cpm

　これは浪江町大堀地区で物干し竿にかかっていた洗濯ばさみ。原発事故発生前から同じ状態で吊り下がっていたものだ。表面に特別な凹凸があるわけではないが、放射性物質が付着している。はさみの側面にも放射性物質が付着しており、ここから出た放射線もぼんやり感光している。これにより、はさみの輪郭が浮かび上がっている。

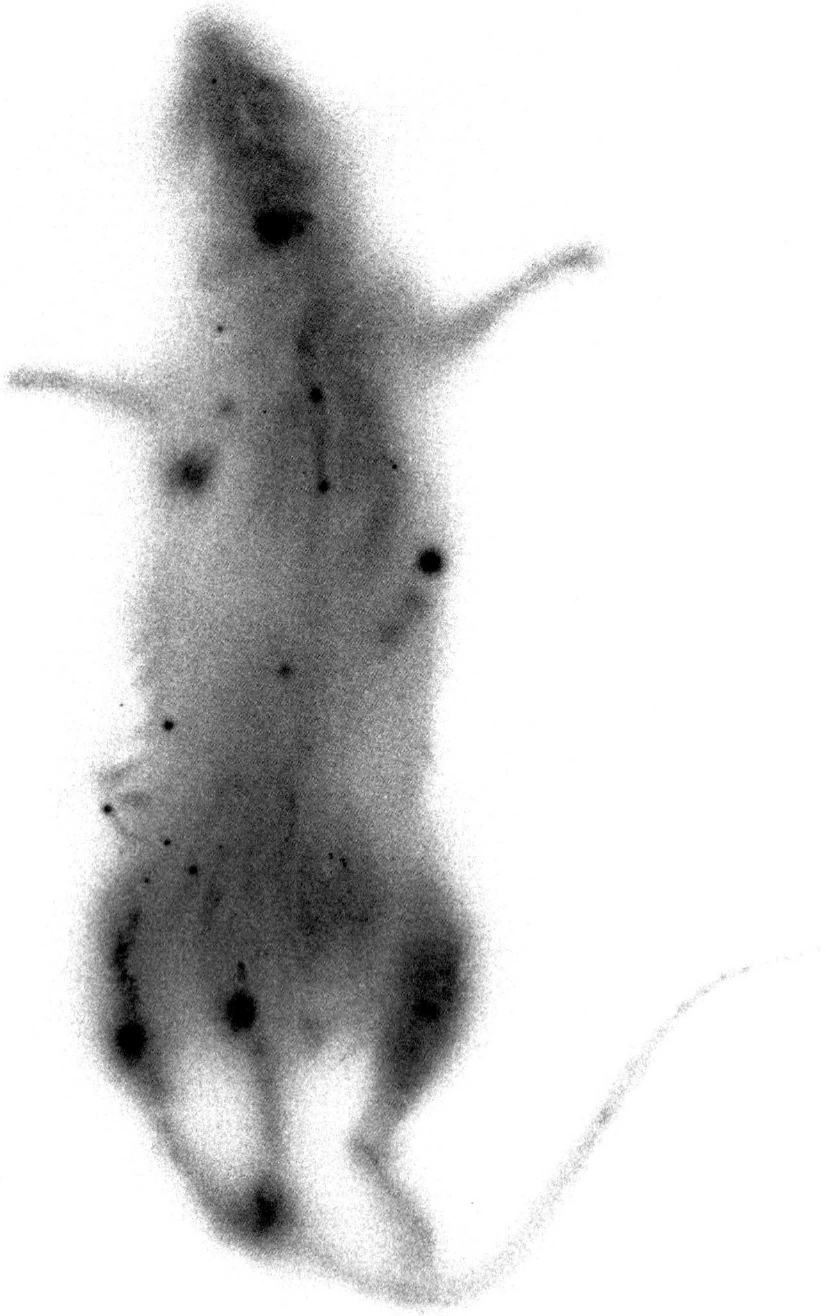

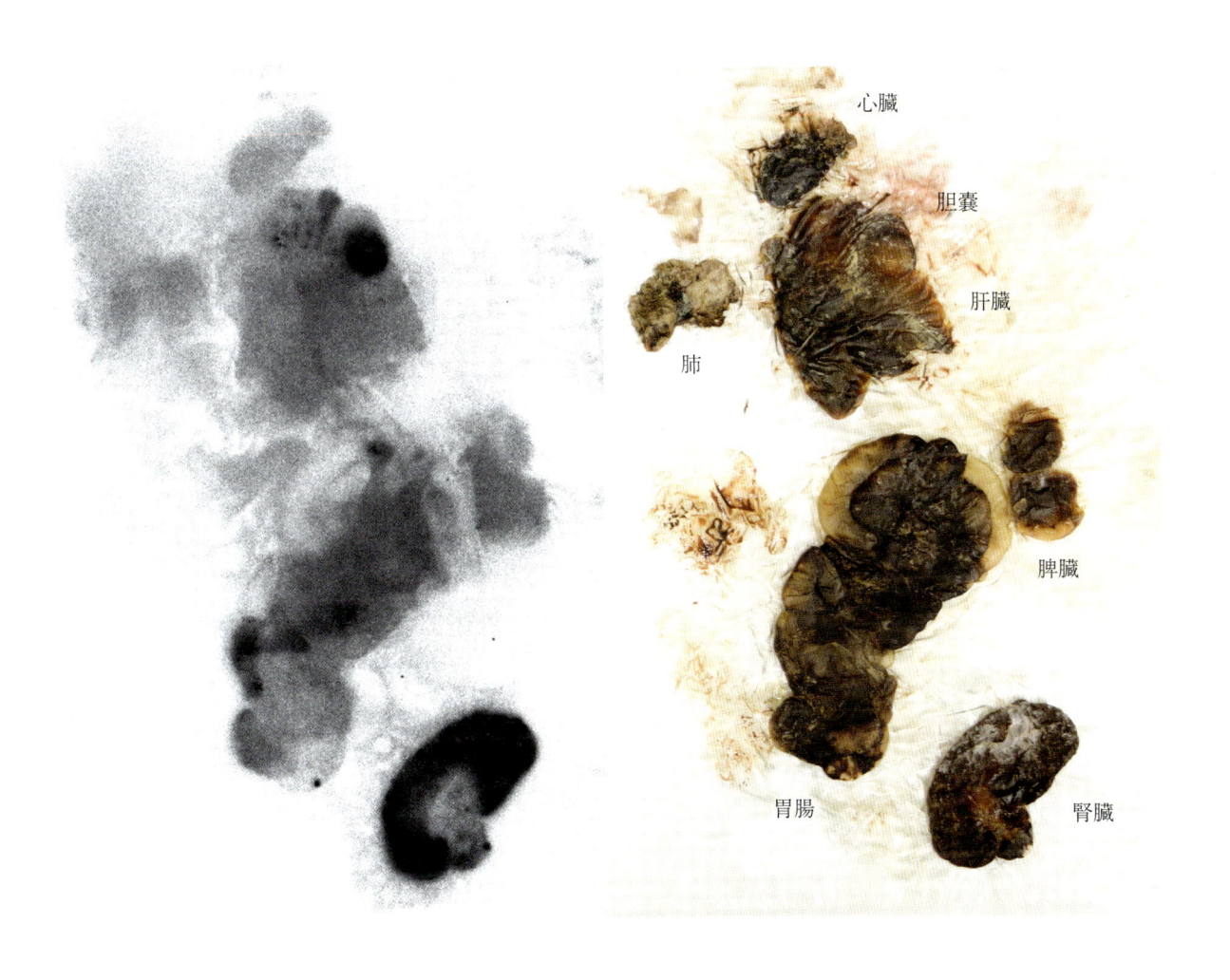

野ねずみ

飯舘村蕨平（2013年4月）

放射線量：体（内臓は除く）
　　　　　　　　286.5 Bq/kg
　　　　心臓　2521 Bq/kg
　　　　肝臓　4937 Bq/kg
　　　　肺　　3134 Bq/kg
　　　　胃腸　6111 Bq/kg
　　　　脾臓　4334 Bq/kg
　　　　腎臓　11750 Bq/kg
（K-40検出限界値以下）
体表面、内臓とも100〜150 cpm

　原発事故後、福島県内で住民が避難し空き家になった住宅では、ねずみが侵入し糞尿で室内を汚している。飯舘村から避難された方に、ねずみ取りにかかったものを提供していただいた。体表面がぽつぽつと外部被曝している。太腿の筋肉に放射性セシウムが移行している様子もわかる。内臓では、腎臓と、肝臓に包まれて存在する胆嚢が強く内部被曝しているのがわかる。泌尿器系の器官である腎臓で放射性セシウムが集積しているのは尿を介して体外に排出される最終段階であるためだが、K-40よりも排泄されにくいために滞留しているのかもしれない。

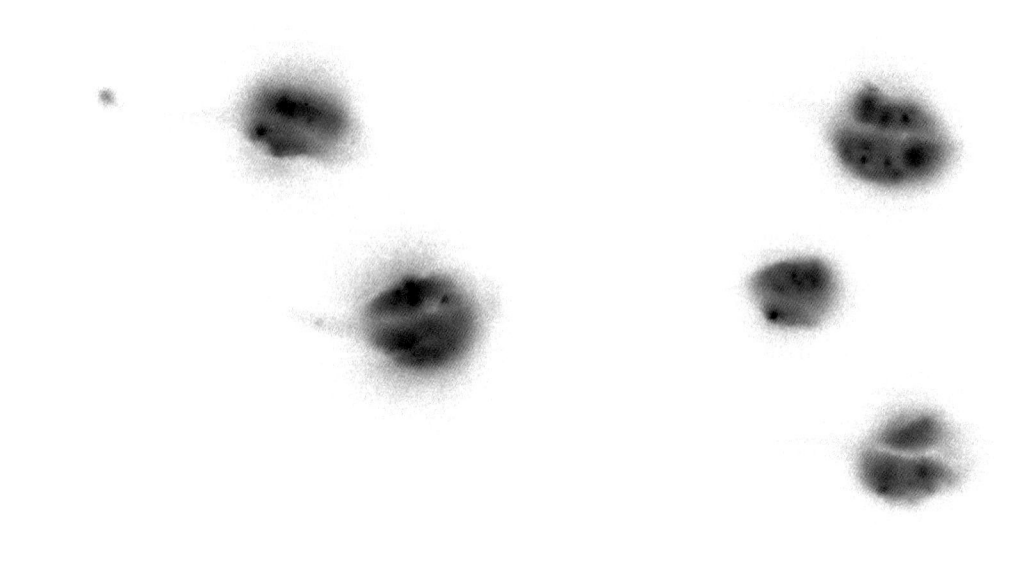

おたまじゃくしと金魚

おたまじゃくし　飯舘村松塚（2013年7月）
　　　金魚　浪江町大堀（2013年6月）

放射線量：おたまじゃくし　35443 Bq/kg
　　　　　金魚　41829 Bq/kg
　　　　　（K-40検出限界値以下）、どちらも180〜200 cpm

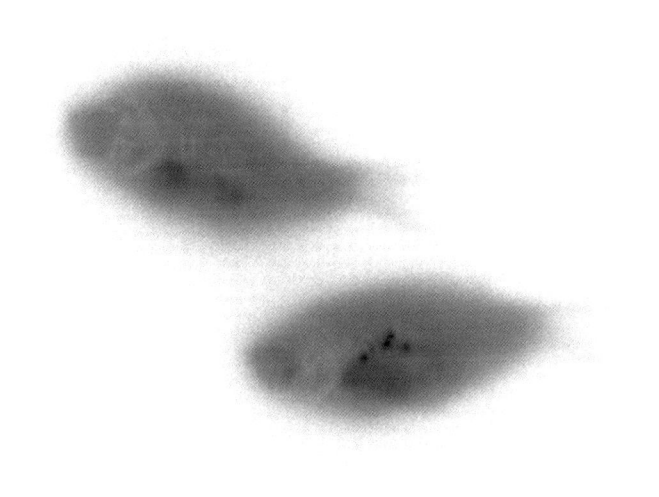

浪江町大堀地区の人工池で観賞魚として飼われていた金魚（右）と、飯舘村松塚地区の野池に無数に生息していたおたまじゃくし（左）を同時に感光させた放射線像である。金魚は全身に放射性セシウムがいき渡っているが、内臓の集中している部分がより濃く写っているのがわかる。また、下の金魚には外部被曝をしたような4つの黒い点があることもわかる。おたまじゃくしの黒く写っている部分は、ほとんどが腸の内容物である。背中側から撮像したため軟骨により放射線が遮られている。

はさみ

浪江町大堀（2013年6月）

放射線量：錆部　3000 cpm、塗装部　500 cpm

　2013年6月に浪江町大堀地区で外に落ちていたところを拾ったものである。無塗装の刃が塗装部分の取っ手よりも数値にして6倍汚染されている。鉄錆(さび)によって形成された微小な凹凸に、放射性物質が捕捉されやすいことがわかる。これは82ページのラチェットレンチなど、鉄錆の付いた他のサンプルでも見られる特徴的な現象である。放射能を吸着して飛んできた担体(キャリア)が鉄錆と反応しやすいのかもしれない。

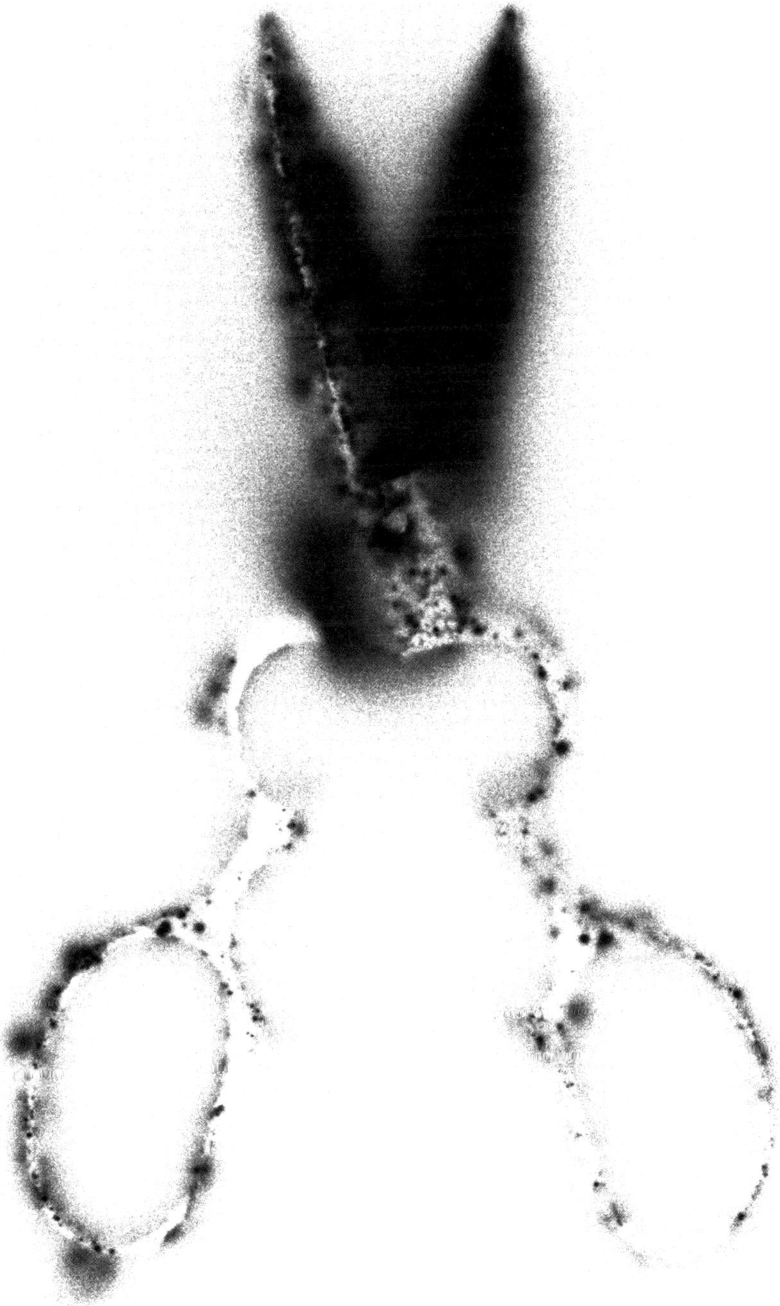

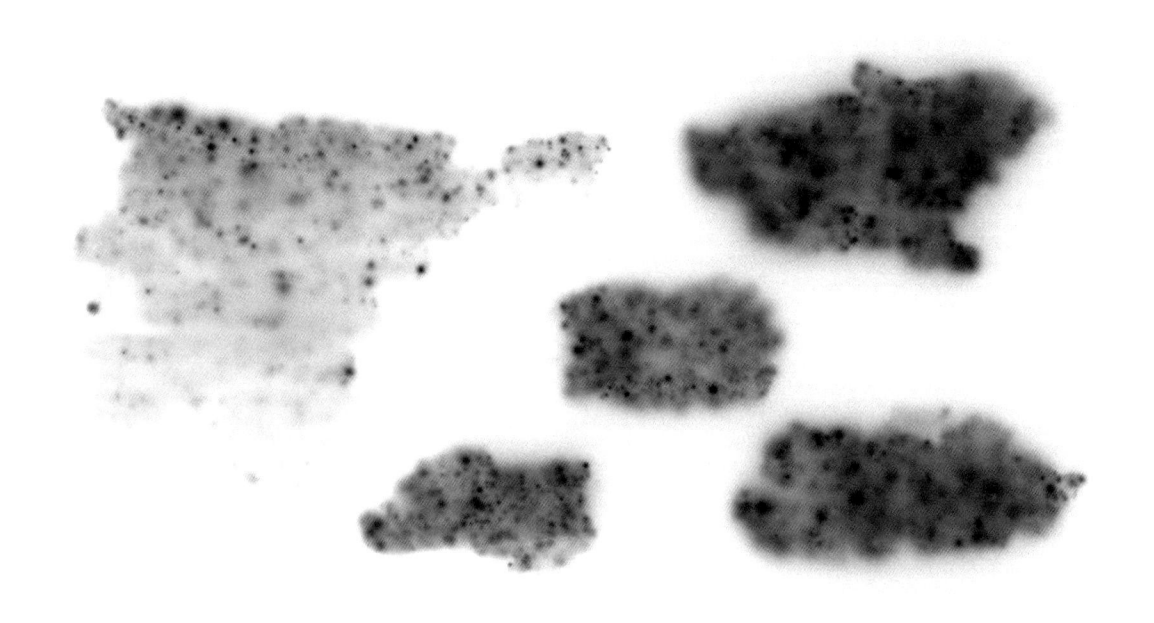

コナラの外皮

飯舘村前田（2013年）

　福島県は有数のシイタケのほだ木の原木供給基地であるにもかかわらず、その原木であるクヌギやコナラが汚染されて、県内ばかりでなく県外のシイタケ業者が国から出荷禁止処置を受け、窮地に陥っている。セシウムの「移行係数」の高いシイタケ菌の汚染につながるので、シイタケ原木栽培業者はお手上げである。シイタケ菌はほぼ原木と同じ濃度までセシウムを濃縮する。

樹皮の外側（左）：東電福島第一原発事故後、コナラの樹皮に付いた放射性降下物で、雨に溶けて洗われるモノは全部洗われてしまって、強く吸着した成分だけが、樹皮に残っているように見える。樹皮に現在存在している放射性降下物は、今後永久に溶けない、と断言するのはまだ危ない。物理的に除染しなければ、いつまでも放射能が樹皮に留まることに変わりはないだろう。何年かすると、カビ、ナメクジ、アリ、ゲジゲジなどの小動物に食われたり、樹皮自身の寿命で剥離落下したりして、放射能の一部は土壌に固着するが、多くは生物による生態循環系の中に入っていくことになるだろう。
樹皮の内側（右）：濃く写っている斑点は割れ目から浸み込んできた放射性降下物である。全体に薄く感光しているのは樹皮に浸透している可溶性の放射性セシウムと思われる。

長ぐつ

浪江町大堀（2013年10月）

放射線量：260 cpm

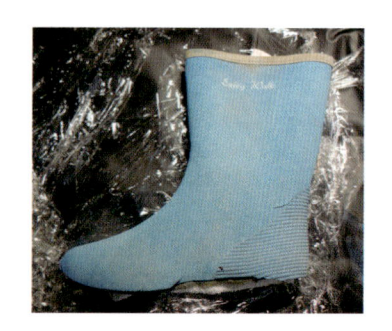

　福島第一原発から直線距離で9kmほどの場所で拾った長ぐつ。高さ・幅約30cm。屋外に放置され、日に当たっていたためゴムが劣化して無数の小さなひび割れができている。全体に万遍なく放射性物質が付着している。フォールアウトによる直接的な汚染と放射能汚染した砂塵による二次的な汚染のどちらも含まれている。ところどころに放射性物質の大きな影が写っていることがわかる。76、77ページにある同一地点で採取したほうきにも大きな影が写っている。原発から近い場所ではこのように大きな放射性物質のまとまりがフォールアウトしたものと考えられる。64、65ページは、この長ぐつの像のかかとの部分を拡大し角度を変えたもの。

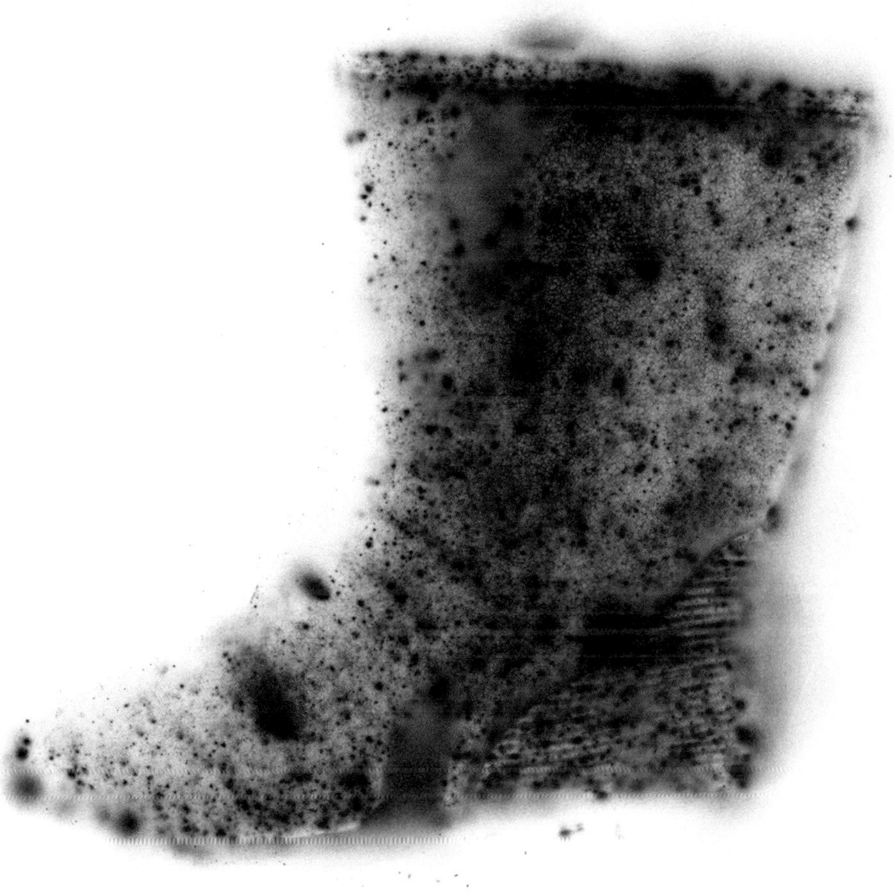

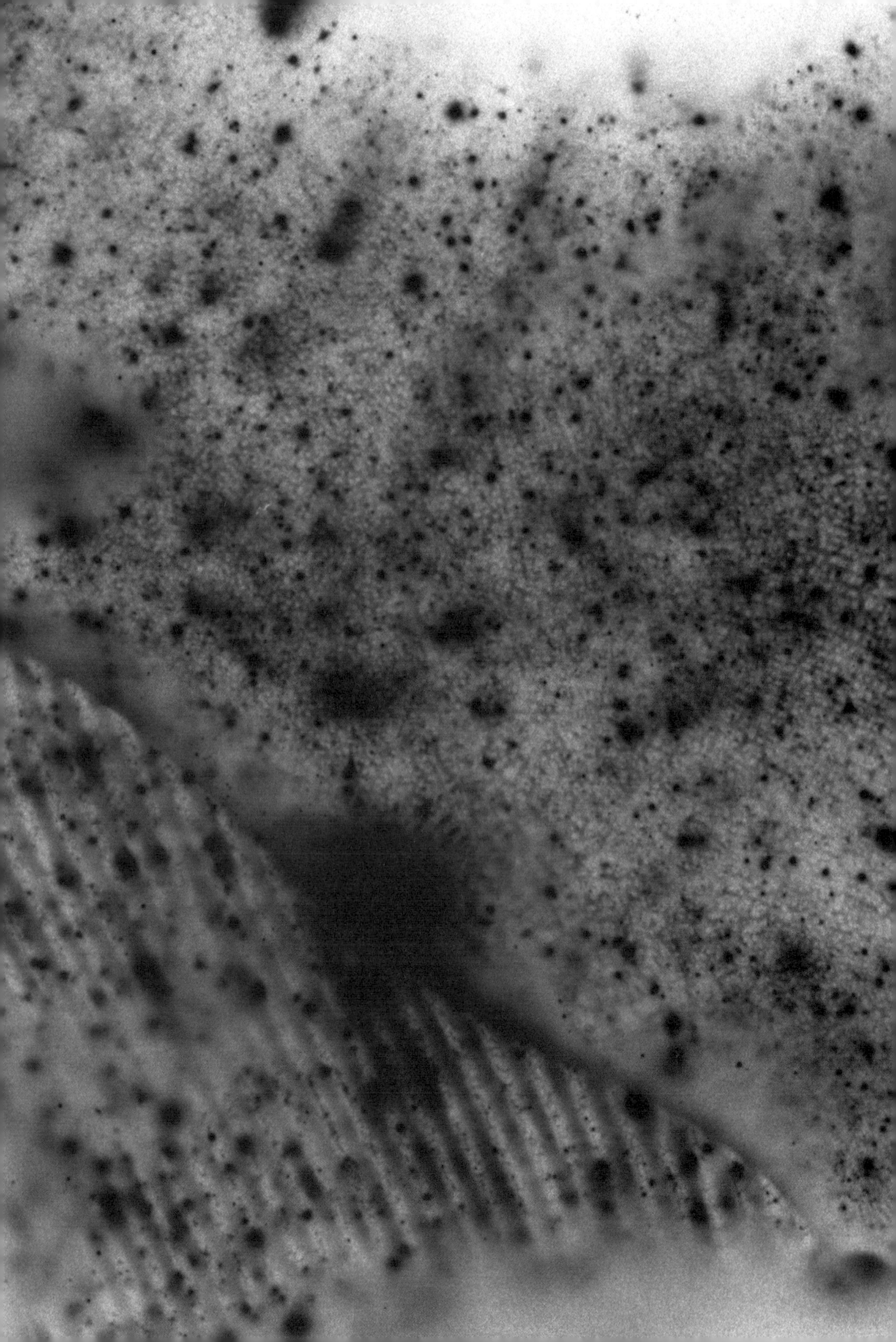

ミニサッカーボール

浪江町大堀（2013年6月）

放射線量：1200 cpm

　これは浪江町大堀地区で拾った子供用のサッカーボールである。地表における放射線量は4μSv/hであった。球体であるため、ひとつの面をイメージングプレートに48時間感光させたあと、転がしてまた別の面を感光させるということを3回繰り返した。放射線像を見ると、各面で汚染の強さが全く違うことがわかる。3回目の感光では何も写っていなかった。ボールの中央部分が不鮮明に写っているのは、イメージングプレートに押し付けた際、この部分が撓（たわ）んでしまったために、密着性が確保できなかったからである。

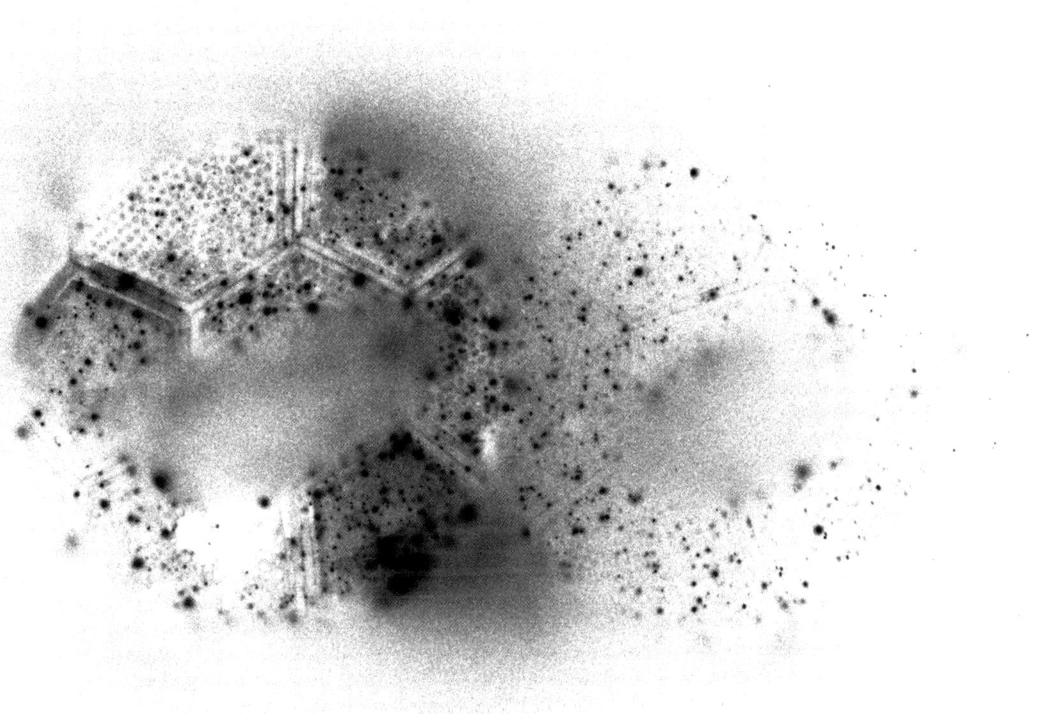

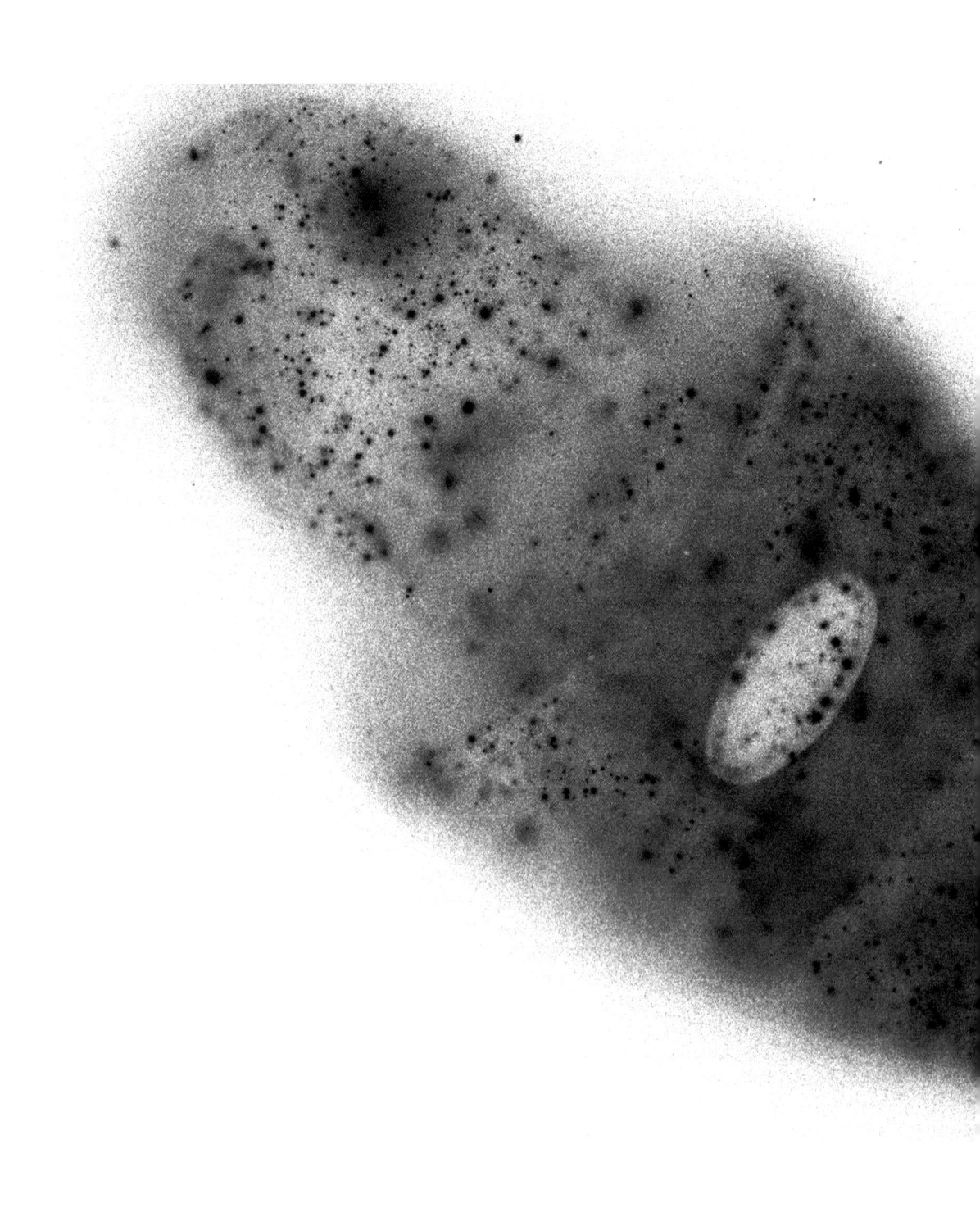

スリッパと幼稚園児の上履き

浪江町大堀（2013年6月）

放射線量：スリッパ　121497 Bq/kg、4000 cpm
　　　　　上履き　　1500 cpm

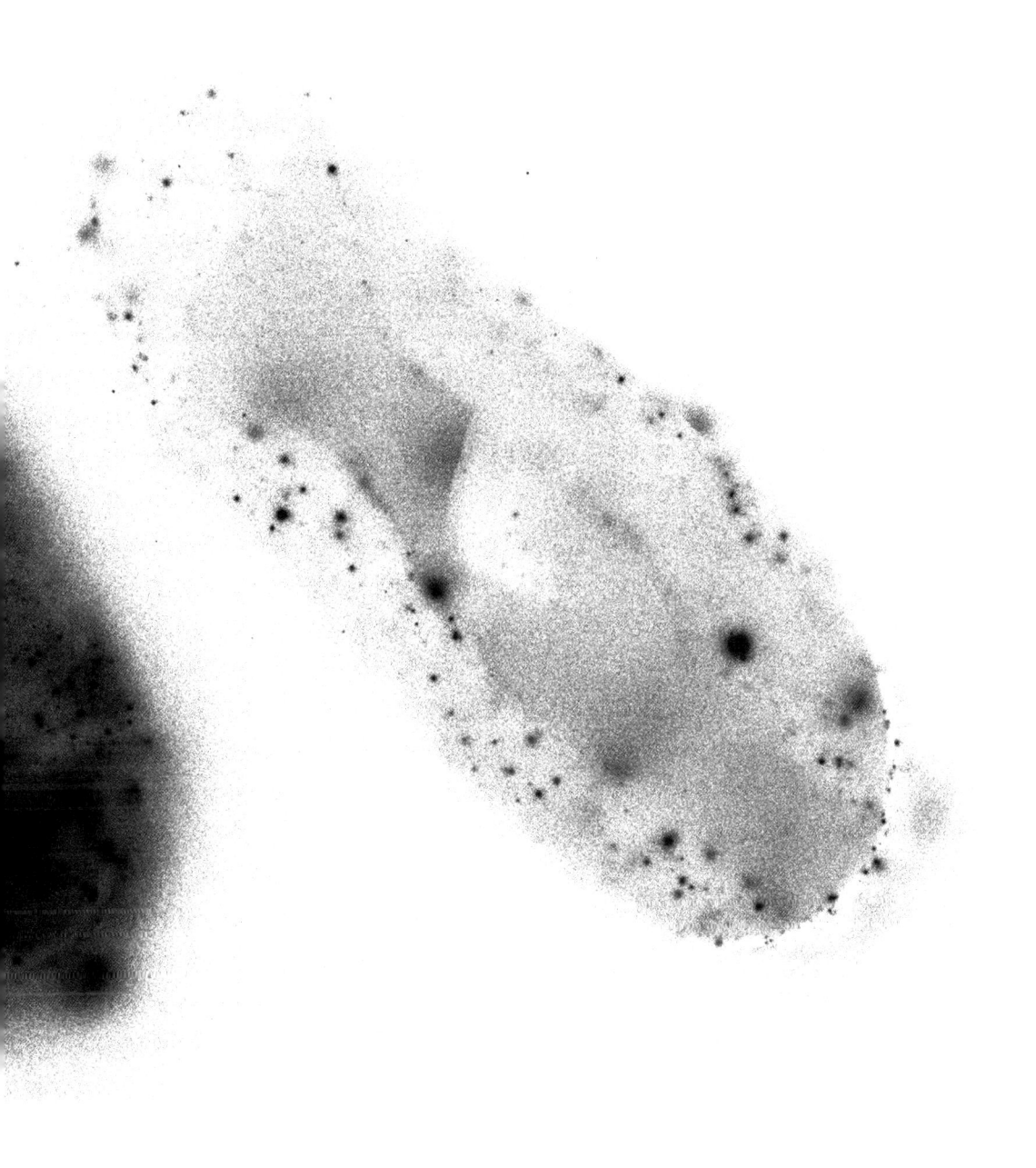

屋外に放置されていたスリッパと上履きである。直接フォールアウトを受け、放射性物質が付着している。スリッパは雨に打たれたことにより、可溶性の放射性物質が全体に広がっている。上履きは大堀幼稚園にあったもの。
サンプル提供：森住卓氏（写真家）

ゼニゴケ

飯舘村佐須（2013年）

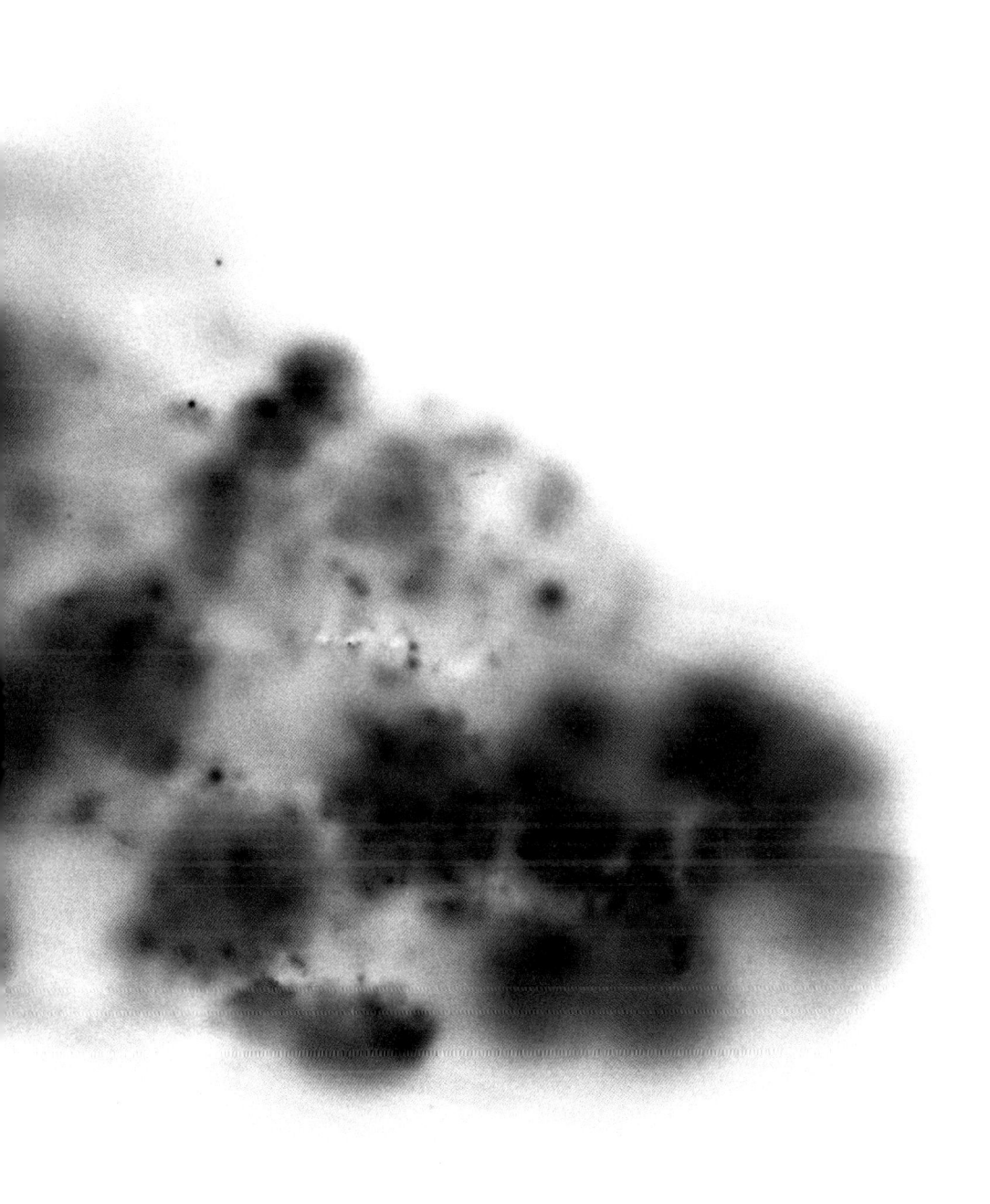

直径1ｍぐらいの大きな幹をもつ、山津見神社のヒマラヤスギの皮。おもて面にびっしりとゼニゴケが生えていたので、放射線像を撮影した。ゼニゴケの部分に特異的に放射性物質が濃縮されていることがわかる。飯舘村に飛んできた濃厚なプルームが、この背の高いヒマラヤスギにぶつかり、その後の雨で樹幹流を通して葉や幹に付着していた放射性物質がどんどん下方へ流れ、幹の下でひっそりと沈着棲息していたこのコケに吸収されたと考えられる。

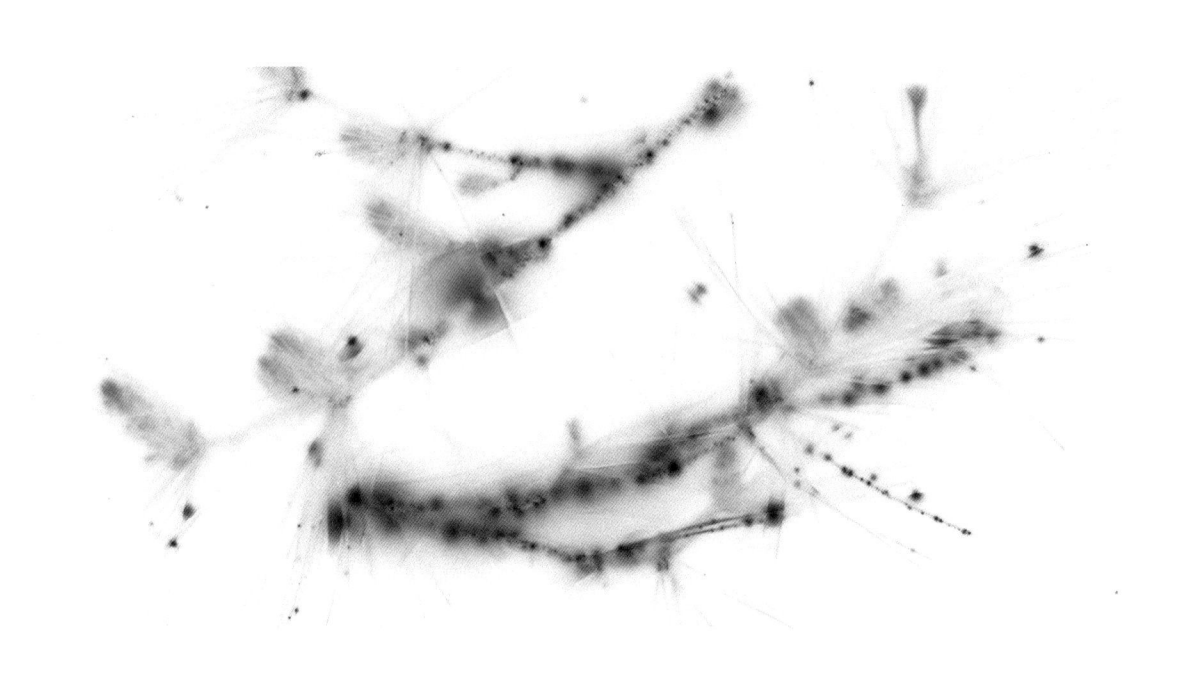

松の実生の葉と雄花・雌花

飯舘村佐須（2013年）

　2011年3月に直接フォールアウトを受けた枝が強く汚染されている。また、2012年、2013年と伸びてきた新葉の一本一本にも、雄花・雌花にも放射能が転流し内部被曝していることがわかる。特に雄花・雌花の先端の汚染が強い。

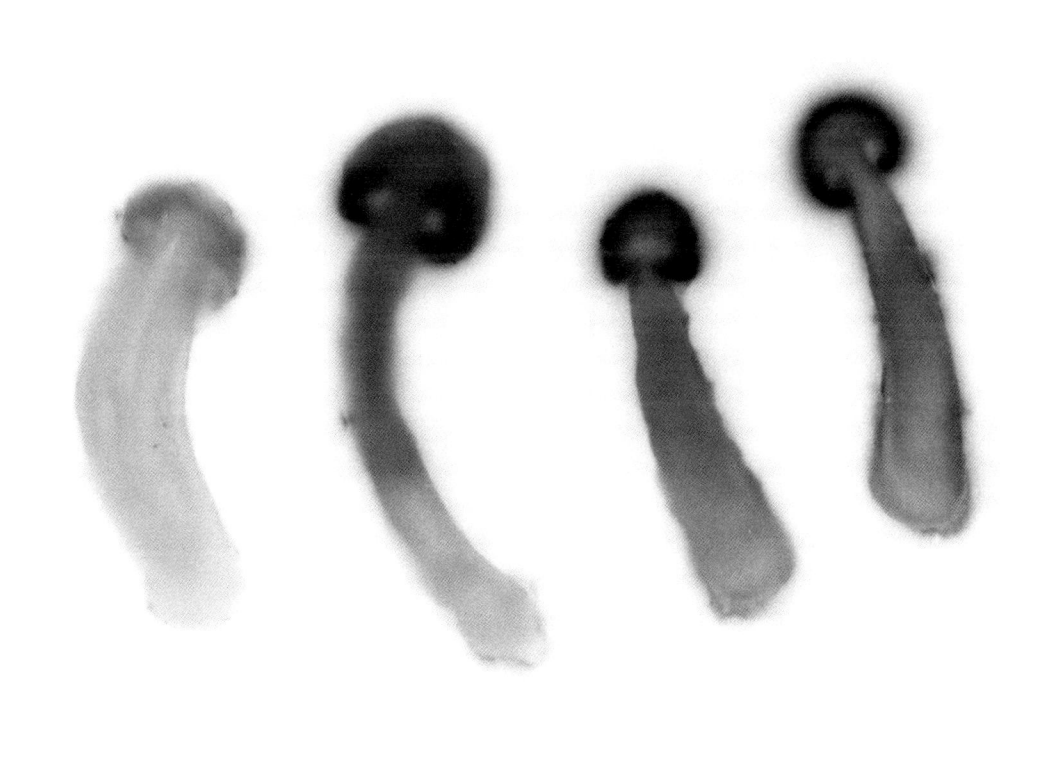

松茸

飯舘村小宮（2013年10月）

放射線量：200 〜 350 cpm

　これは飯舘村小宮地区で採取され、譲っていただいた4本の松茸である。それぞれ縦に薄くスライスし、ひと月ほど軽く重しをして丁寧に乾燥させた。放射線量は、乾燥前の水分を含んだ状態で100 cpm、乾燥後は200 〜 350 cpm。できあがった像を見ると右の2本の松茸は傘の湾曲に沿って、放射性セシウムが集中していることがわかる。放射性セシウムは、植物の中で成長が進んでいる部分に集中する。この2本の松茸は傘を急速に膨らませる成長過程にあったと考えられる。また左から2番目の松茸を見ると、傘の成長過程を終え、これから成長するひだの部分にセシウムが移行しているようにも見える。
サンプル提供：森住卓氏（写真家）

竹の子

飯舘村佐須（2013年6月）

　山津見神社の竹林の中に生えている50cm高の竹の子を採取して、最頂部約15cmを厚さ2mm幅ぐらいで縦切りにしたもの。梯子のように見える節の部分も含めて、全身が内部被曝していることがわかる。この竹の子は原発事故後2年目の新しいものだが、被曝当時に竹本体にいったん取り込まれた放射性セシウムが転流していることを示している。先端の細胞分裂が活発な部分がより濃く写っている。金属成分の分析をすると、安定同位元素である Cs-133（セシウム133）は放射性セシウムとは異なり、竹の子に均質に分布していた。

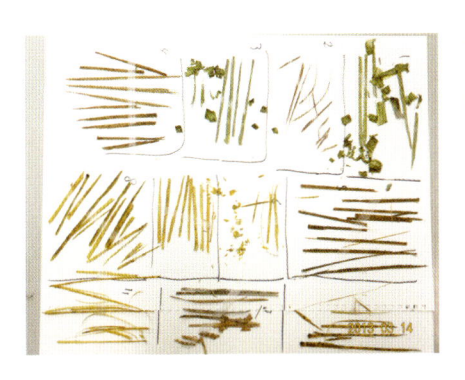

竹の皮

飯舘村関沢（2013年2月）

　これは、真竹の林内のあちこちの竹から皮を約1cm幅で削り取り、敷き詰めたものである。風雨で洗い流されることなく付着したままの放射性物質が竹の外部に無数に写っている。少しぼやけた形で裏側からも放射線が感光している。表面の比較的滑らかな竹の皮であっても、一度フォールアウトを受けると簡単には放射性物質が落ちないことがわかる。

ほうき

浪江町大堀（2013年10月）

放射線量：540 cpm

　このほうきは、62、63ページの長ぐつと同時に拾ったもの。長さ約40㎝。全体に黒い点々が広がっている。また大きな黒い影が穂の部分と、少しボヤけてわかりづらいが上部に2ヵ所見つけることができる。長ぐつにも大きな影が写っていた。これだけ大きな放射性物質の影はこれらのサンプル以外で観察されたことはない。放射性物質の比較的大きなまとまりは遠くに飛ばされることなくフォールアウトしたと考えられる。穂先に向かってグレーが段々濃くなっていっている。このほうきは、壁に立てかけてあったため、夜露や湿気によって付着した水分が途中にある放射性セシウムを溶解しながら、下方に降りていったと考えられる。

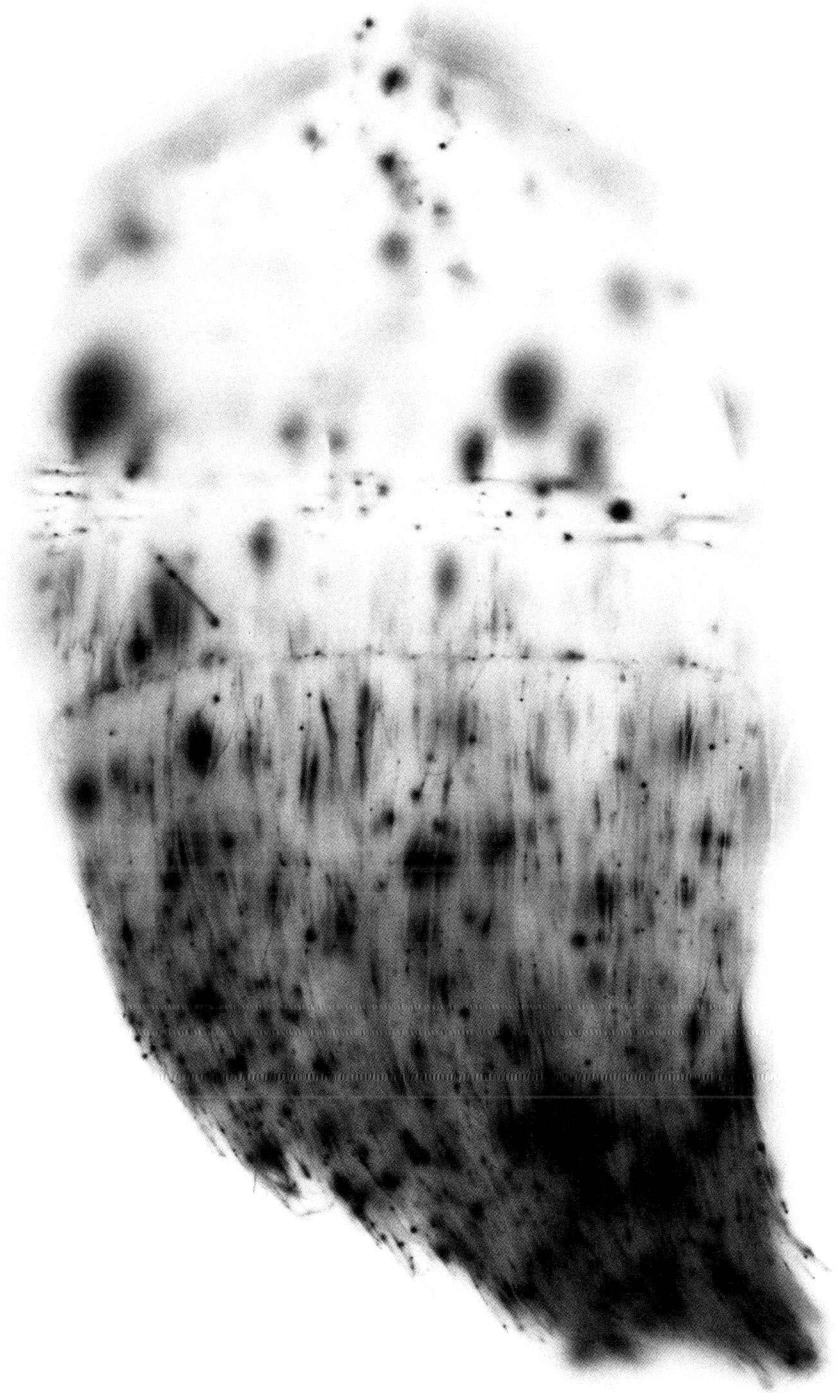

コゴメウツギ

飯舘村 あいの沢（2013年）

　飯舘村の村民の森「あいの沢」の湖岸に生えていたコゴメウツギ。外部被曝がほとんどなく、全身の内部被曝が強い。林内ではなく開放系の中にポツンと生えていたものである。種子がどこかから飛んできて、根を下ろしたものが大雨の時は湖面の水量が上がって水に浸かったり、そうでないときは浸からなかったりして、絶えず外部被曝の放射性物質が洗い流されたものと思われる。枝分かれの部分が濃いのは、ここが導管と師管の複雑に多重に入り組んだ組織だからである。地表1cmの高さの線量は約6μSv/hあった。

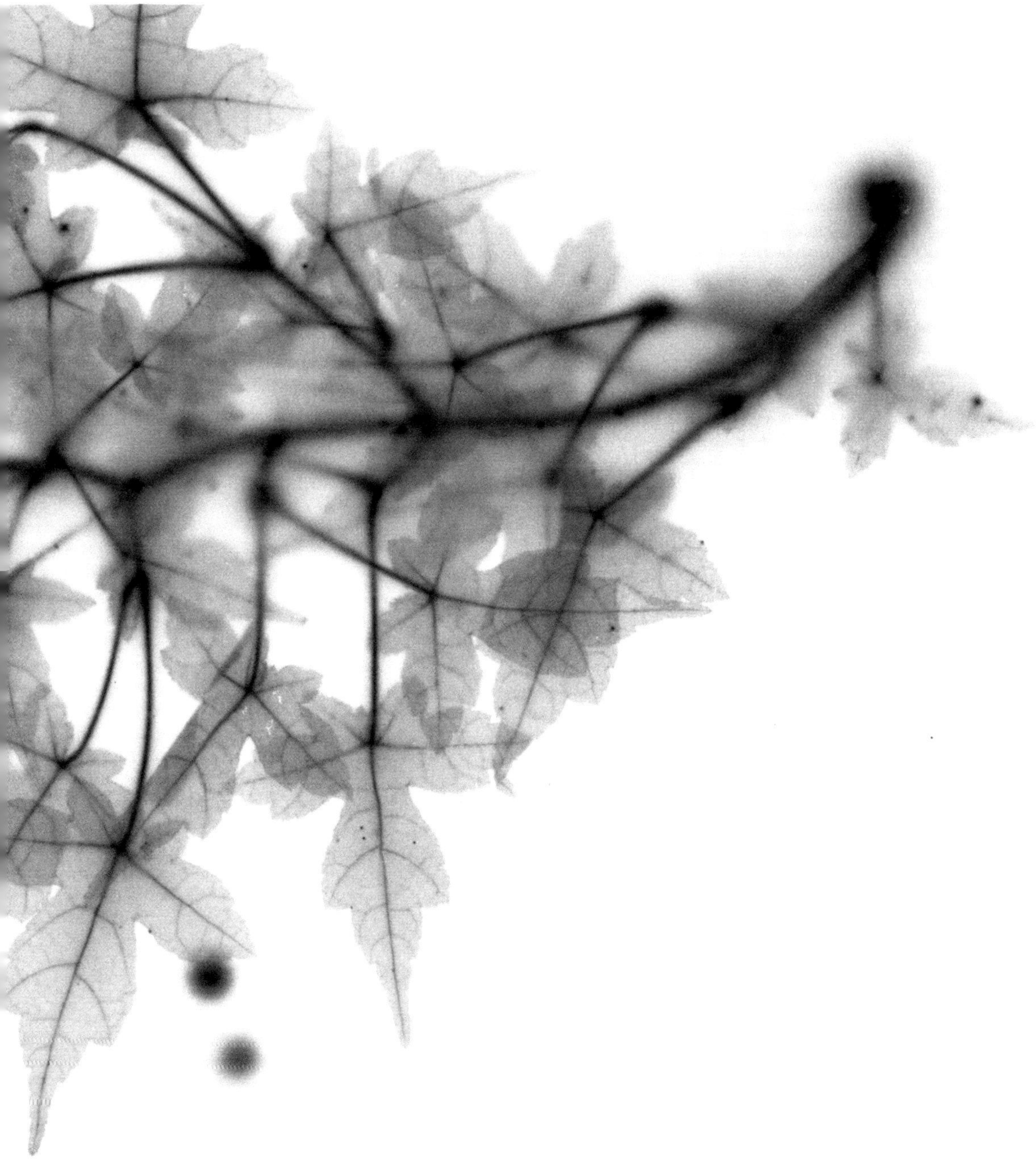

2014

　茨城県つくば市の住宅に設置されていた通気口フィルター（44、45ページ）が汚染されていることを知ってから、私は放射性物資による室内の汚染が気になっていた。このため、2014年は住宅内部の汚染にも注目した。まだ十分な数のサンプルを収集できていないが、郡山市や南相馬市では、予想していたよりもずっと多くの放射性物質が室内に舞い込んでいたことがわかった。それは、たとえ窓を閉め切っていたとしても、人の出入りがあれば放射性物質が容易に侵入していたということだった。
　また浪江町内への立ち入りが実現し、さまざまなサンプルを収集することができた。高濃度の初期プルームが通った山側の渓谷は非常に強い空間線量を示し、各所で地上1.5mの高さで10〜12μSv/hを計測した。とりわけこの渓谷の中央に位置する川房地区の空間線量は高かった。定められた汚染の範囲内で、研究目的でのサンプリングにご理解いただいた浪江町に厚く感謝申し上げたい。引き続き、動植物と東京都内のサンプルも追加していった。（加賀谷）

トイレの換気扇の埃

郡山市（2014年7月）

放射線量：140 cpm

　換気扇に付着した埃を、ガムテープを使ってその形を維持したまま回収した。たくさんの放射性物質が付着しているのがわかる。2011年3月11日の地震でこの住宅は停電になり、住民は1年半避難していた。その間、半年にわたってこの住宅では工事があり、外気が吹き込む環境にあった。したがって、初期プルームによる汚染か、工事の土埃による汚染か、またその両方による汚染か、現在では判別できない。

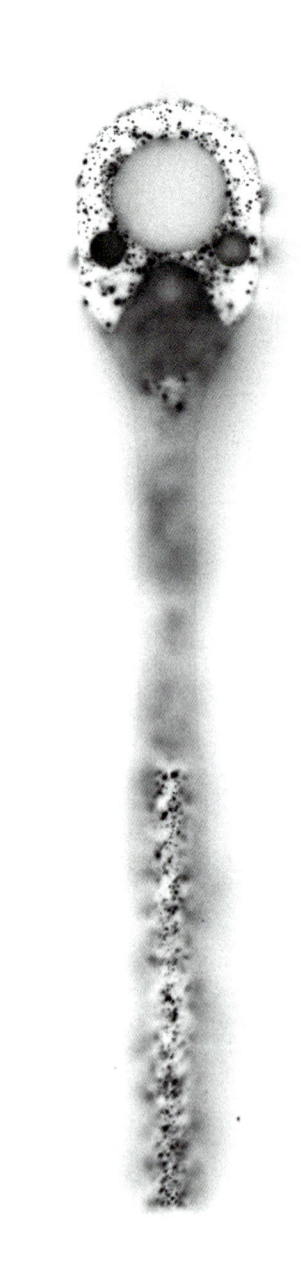

ラチェットレンチ

浪江町津島（2014年5月）

放射線量：5000 cpm

　このサンプルは屋外に放置されていたため、ほとんどの部分が鉄錆に覆われている。58、59ページのはさみで錆びた刃が強く汚染していることを確認していたので、改めて鉄錆のあるこのサンプルで確認を行った。放射線像と実物写真を比較して見ると、やはり錆の発生している部分の汚染が強いことがわかる。5000 cpm という非常に汚染の強いサンプルである。鉄錆と結合した放射能は、水に溶けにくい化合物に変化したと推察される。

雨樋の土と定規に付いた土汚れ

雨樋の土　東京都品川区（2014年4月）
定規　　　東京都杉並区（2014年5月）

放射線量：雨樋の土　3971 Bq/kg、60 cpm

　品川区の民家の雨樋の土（上）と、杉並区役所が目の前にあるビルのベランダに落ちていた定規（下）である。どちらも土の部分が感光しており、可溶性の放射性セシウムが広がり固着した様子がわかる。雨樋の土の右側は、古くなって腐植化がすすみ、黒ずんで見える（左カラー写真参照）。この部分にはところどころ大きな黒点もあり、放射性降下物そのものが付着している。

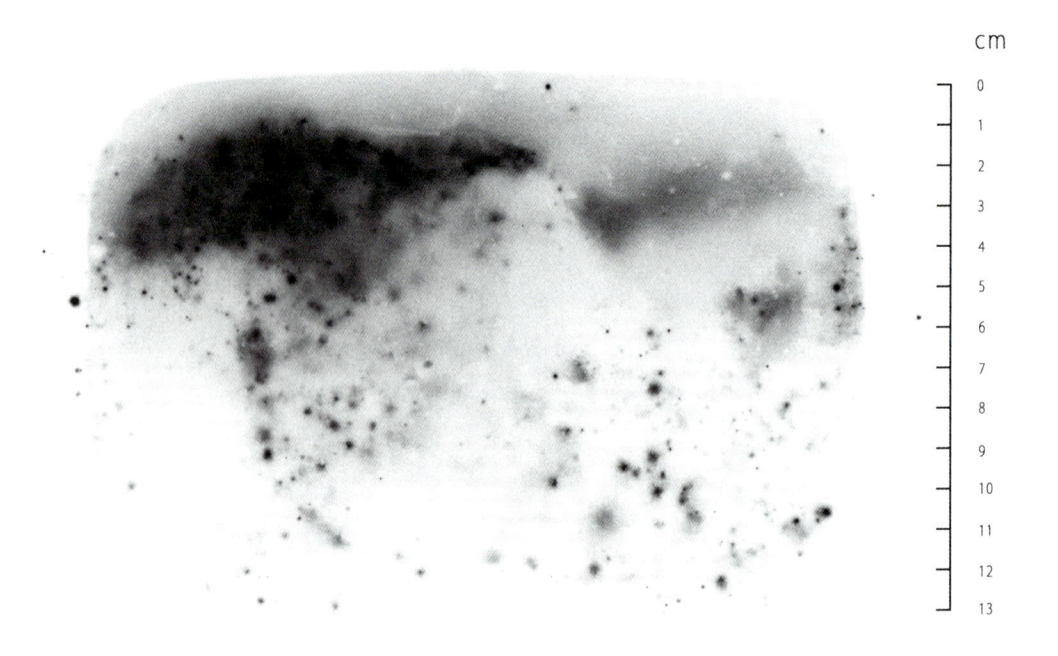

cm
0
1
2
3
4
5
6
7
8
9
10
11
12
13

土壌断面

浪江町津島（2014年5月）

放射線量：500 cpm

　浪江町津島地区の森林内の土壌断面。地表5cm以内にほとんど放射性セシウムが留まっていることは多くの研究論文で報告されている。この像を見ても地表に近い部分が強く汚染されていることがわかる。また、汚染は横方向に完全に連続しているわけではないことがわかる。別の場所で採取した表土断面の放射線像でも同様に不連続な汚染を確認した。深部のぽつぽつとした汚染はサンプリングの際に汚染させてしまったもの。

作業着の帽子

南相馬市（2014年6月）

放射線量：70 cpm

　南相馬市議からお借りした作業着の帽子。原発事故発生後、この帽子を被って仕事をされていたとのこと。何度かドライクリーニングに出していたそうだが、クリーニングで落ちなかった放射性物質があちこちに付着している。原発事故発生の直後、大気中にどれだけ放射性物質が浮遊していたのか想像できる。初期の放射性降下物は簡単には洗い落とせないようだ。

サンプル提供：大山弘一南相馬市議

2013/4/25 ～ 5/10

福島第一原発からの粉塵

南相馬市（左から2013年5月上旬、中旬、下旬）

吸引量に対する放射線量
左：0.572、中：0.270、右：3.872 mBq/m³
重量に対する放射線量
左：1431、中：380、 右：13146 Bq/kg

2013/5/10〜5/20　　　　　　　　　　　　　　　　　　　　　　　2013/5/20〜6/10

　これは南相馬市立石神第二小学校近くで、ハイボリュームエアサンプラーで採集された大気の粉塵である。福島第一原発でがれき撤去により発生した汚染粉塵が、2012年9月から2013年8月までの間に計8回にわたって飛散していたという新聞報道があった（2014年7月）。一番右のフィルターは、このうちの2013年5月28日〜31日の粉塵を捕捉している。吸引量に対する放射能測定の結果は、通常の10倍程度の汚染濃度であったという新聞報道と合致している。粉塵飛散のなかった時期のフィルター（左と中央）にも放射能汚染した粉塵が付いている。常時汚放射性物質の舞い上がりがあるか、または微量ながらも常時原発から汚染粉塵の飛散があるか、またはそのどちらも起きていることが考えられる。今後も福島第一原発では廃炉工程が進んでいく。粉塵飛散防止のために十分な対策が必要である。またこの南相馬市の粉塵・土埃の舞い上がりによる汚染を見ると、各地で行われている除染の後、土壌が再汚染している報告も理解できる。
　このフィルターは、大山弘一南相馬市議が現地にて継続的にサンプリングされていたものをお借りした。

ザリガニ

浪江町加倉（2014年7月）

放射線量：80 cpm
（左カラー写真は背側）

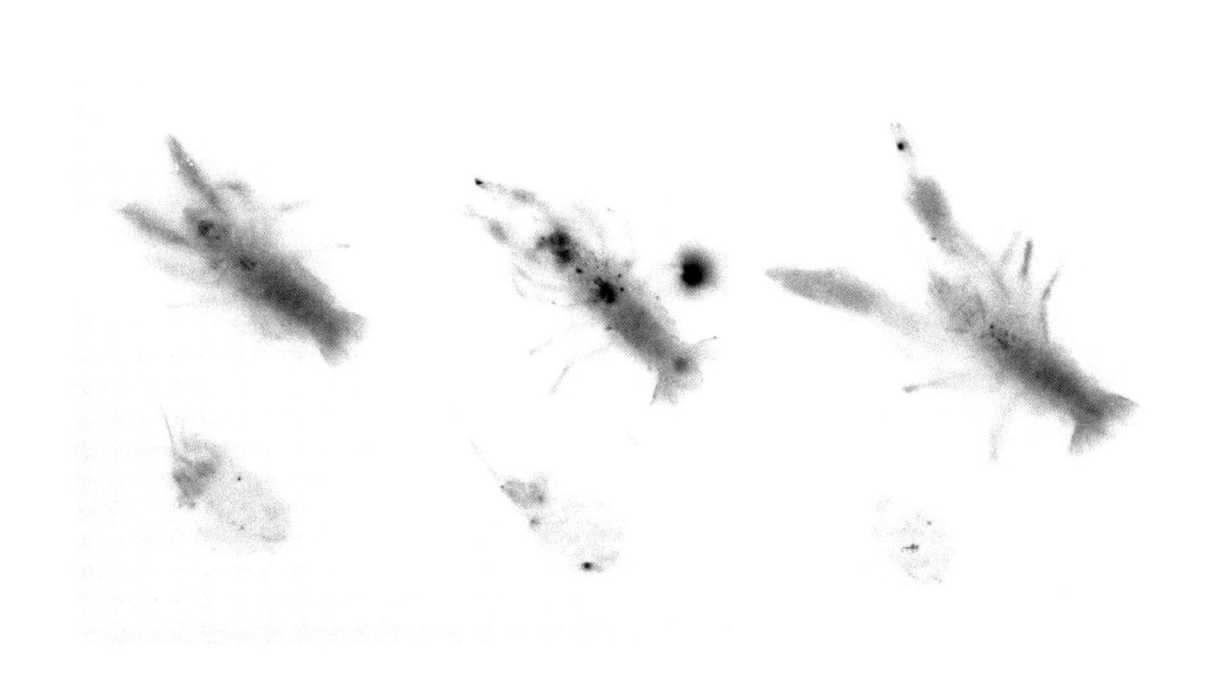

浪江町の用水路の中に生息していた3匹のザリガニ。頭の外骨格だけ取り外し、平らにした後、2枚のイメージングプレートで上下からはさみ、同時に感光させた。下部に並んで写っているのが、頭の外骨格。左がザリガニの背中側の像、右が腹側の像である。背中側の像を見ると、どのザリガニも尻尾の先に向かって、汚染の筋が見える。解剖し観察したところ、これはザリガニの背ワタで、糞が詰まっていた。このように内部被曝した生物は主に排泄物を通して、放射性物質を体外に排出している。腹側の像を見ると、どのザリガニも生殖器官の周辺（腹部中央）に汚染が確認できるが、原因は解明できていない。

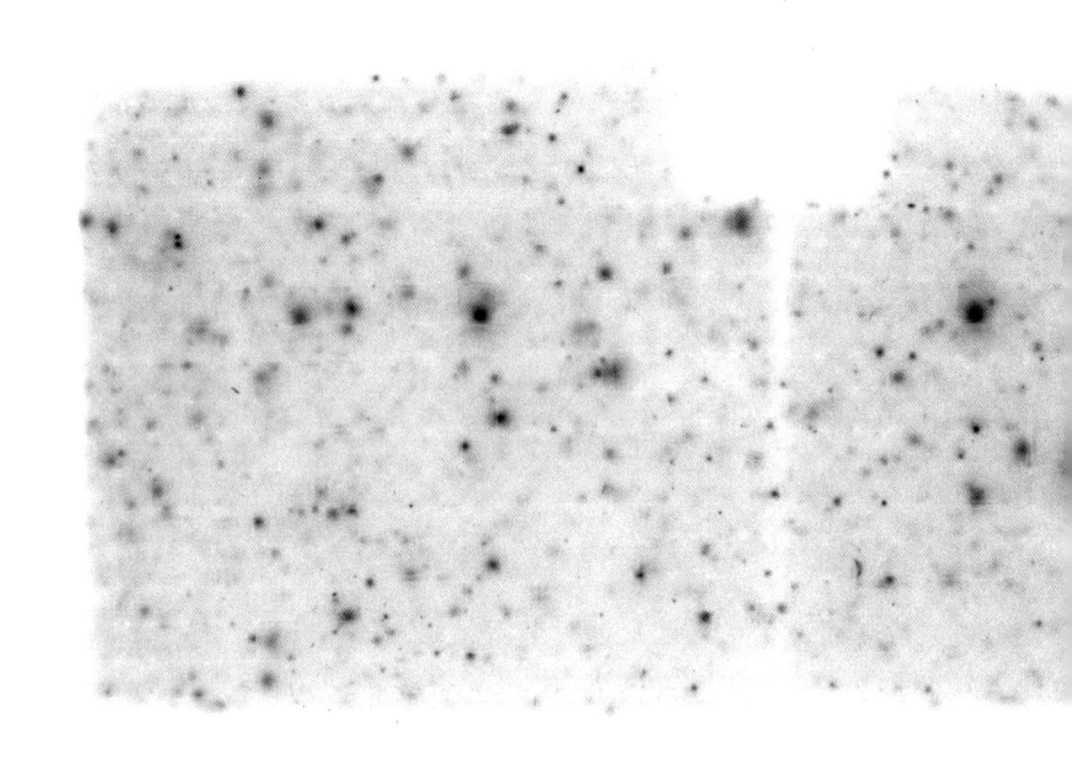

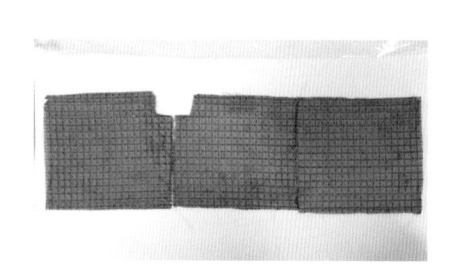

エアコンのフィルター

南相馬市（2014年8月）

放射線量：120 〜 130 cpm

これは南相馬市にある住宅で使われていた室内エアコンのフィルターである。このエアコンは、原発事故後3年以上、窓が閉じられた部屋で、夏はドライ運転、冬は暖房に使われていた。建物は2階建てで、このエアコンは2階に設置されていた。たくさんの放射性物質が付着していることがわかる。ここにお住まいの方は、原発事故発生後、2011年3月12日までは通常通りこの部屋に出入りしていて、13日以降は一時的に避難。同年4月以降、再度この部屋を使い始め、多い時で一度に5人ほど出入りがあったとのこと。
　原発事故発生から現在に至るまで、この部屋の窓は閉め切ったままの状態であったので、おそらく原発事故直後と、同年4月以降の空気中に浮遊していた放射性物質が1階の出入口から侵入し付着したものと考えられる。初期プルームとなって流れてくる放射性物質はほとんど質量がゼロに近いので、わずかでも外気の入るところには万遍なく広がっていったようだ。特記すべきことは、3年半以上経過してから撮像しているので、当時浮遊していた放射性ヨウ素やその他の放射性物質はこの像には写っていない。原発から放出されたI-131の量は、C-137の10倍とも50倍とも言われている。
　サンプル提供：大山弘一南相馬市議

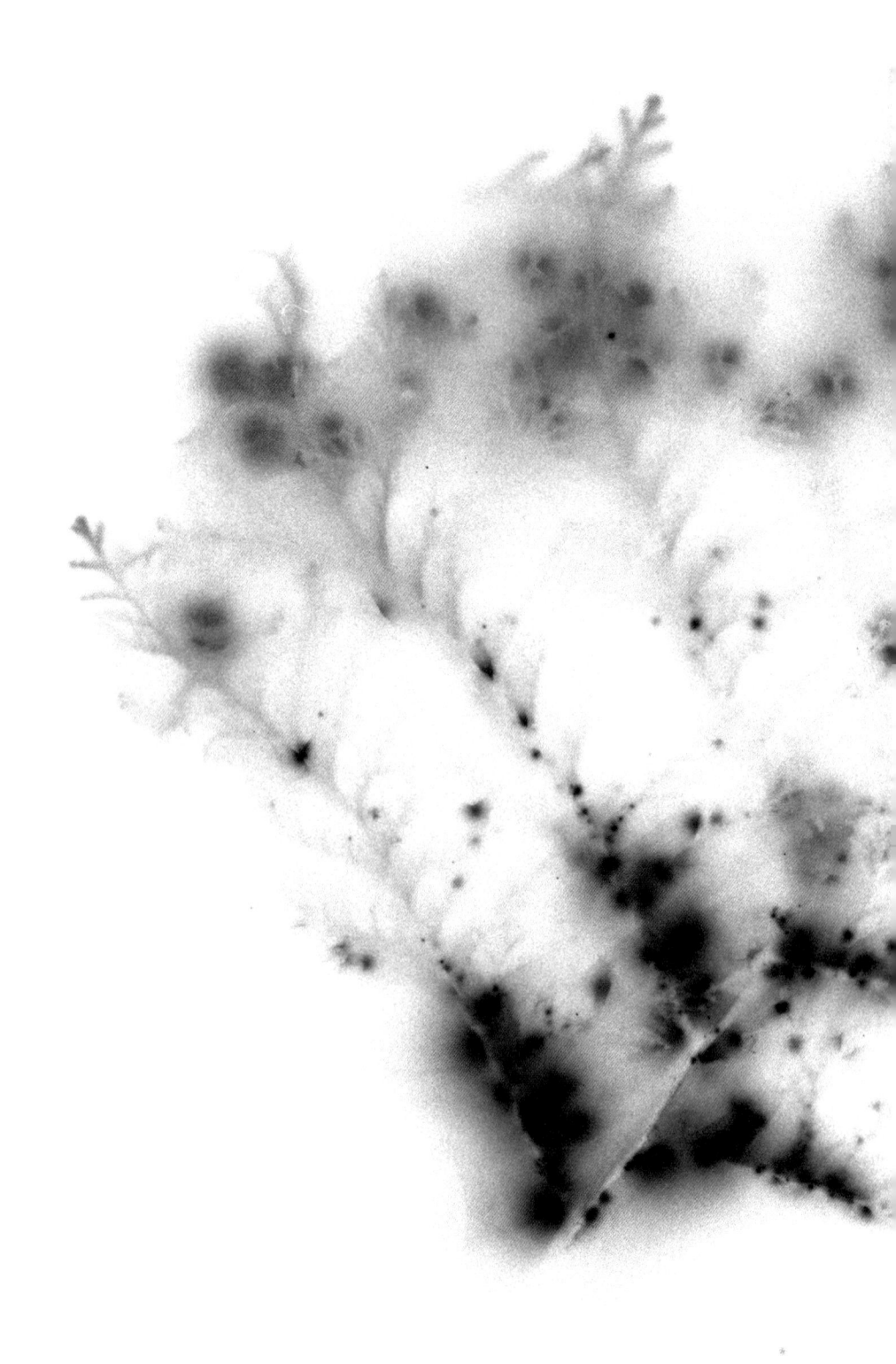

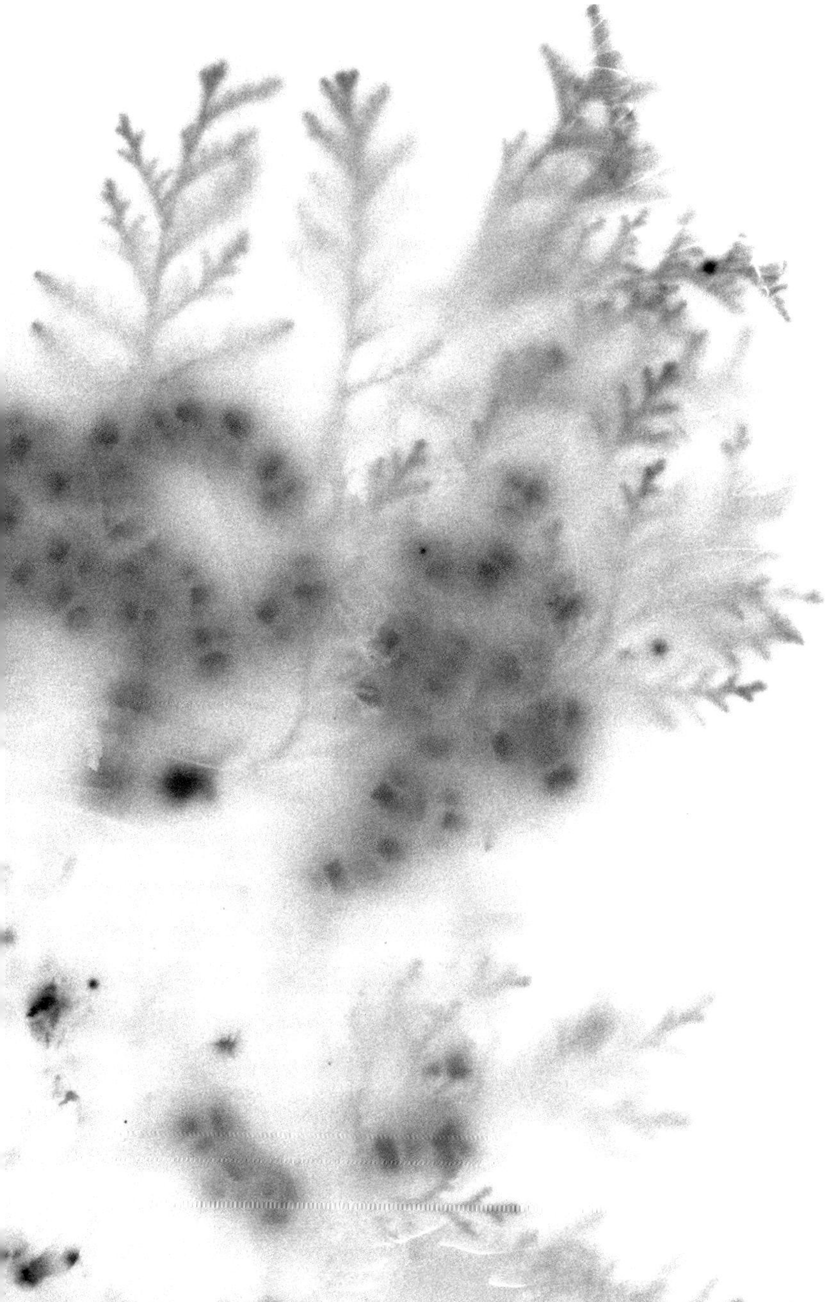

ヒノキの葉と実

飯舘村飯樋（2014年）

　植林されたヒノキがたくさんの実をつけていたので、それを引きちぎって来た。この図で切断された部位の枝が放射能で濃厚汚染されているのは、この枝が2011年3月に直接フォールアウトを受けたことを示している（前のページ）。そこから上の枝は2012年、2013年、2014年と伸張してきたものである。風雨による二次的な外部汚染と思われる。2013年の赤茶色の球果が強く汚染していることは非常に印象的である。このサンプルではないが他のヒノキの測定値から、ヒノキの球果の殻は葉と同じ放射性セシウムの濃度であり、中の種子はその3分の1の濃度であった。セシウムの次世代への移行が示されているわけである。

タラの芽

浪江町赤宇木（2014年5月）

放射線量：60 cpm

　タラの芽やコシアブラは放射性物質が検出されやすい山菜である。2014年も福島県だけでなく、各地で基準値を超える放射性セシウムが検出されている。2014年5月、赤宇木地区にてたくさんのタラの芽が青々と成長していたので採取してきた。放射線像を見ると、内部被曝している様子がはっきりとわかる。また、地上から1m以上の高さにあったにもかかわらず、点々と外部汚染していることもわかる。赤宇木地区のように、今でも汚染の強い地域では、芽が枝から成長するわずかな期間にこれだけの汚染が外部に付着するということだ。空間線量は地上1.5mの高さで4〜6μSv/hであった。

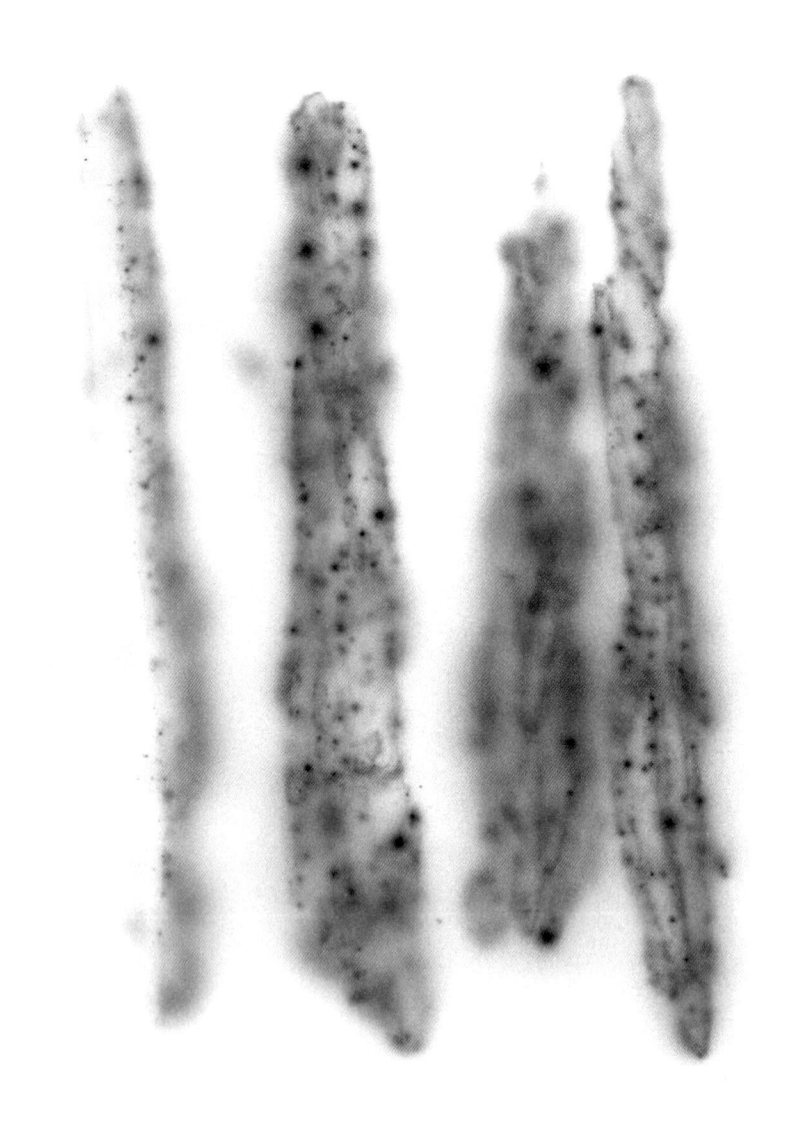

杉の外皮

浪江町下冷田（2014年9月）

放射線量：400 cpm

　3年6ヵ月経過しても、木の外皮の表面には無数の放射性降下物が付着したままである。一番左側の樹皮の左半分は内側に相当するもので、あまり汚染されていないことがわかる。右側の3つにまだらに付着している灰色の物体はコケ。

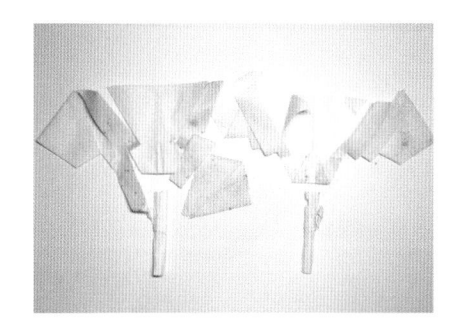

御幣

浪江町赤宇木（2014年10月）

放射線量：260 〜 280 cpm
山上の小さな祠（ほこら）に落ちていた御幣（ごへい）を2枚お借りした。神具といえども、放射能汚染からは逃れられない。

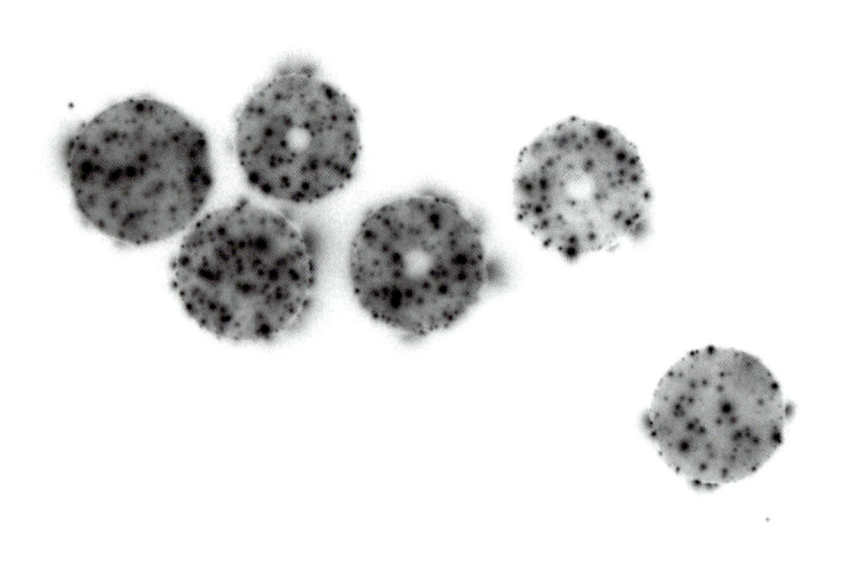

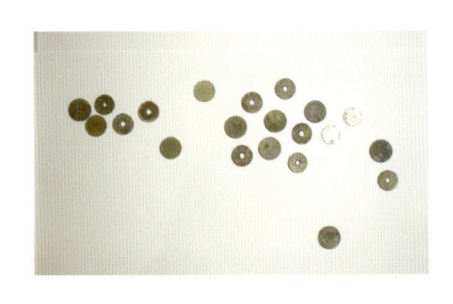

お賽銭

浪江町赤宇木（2014年10月）

放射線量：おもて面　550 cpm、裏面　210 cpm

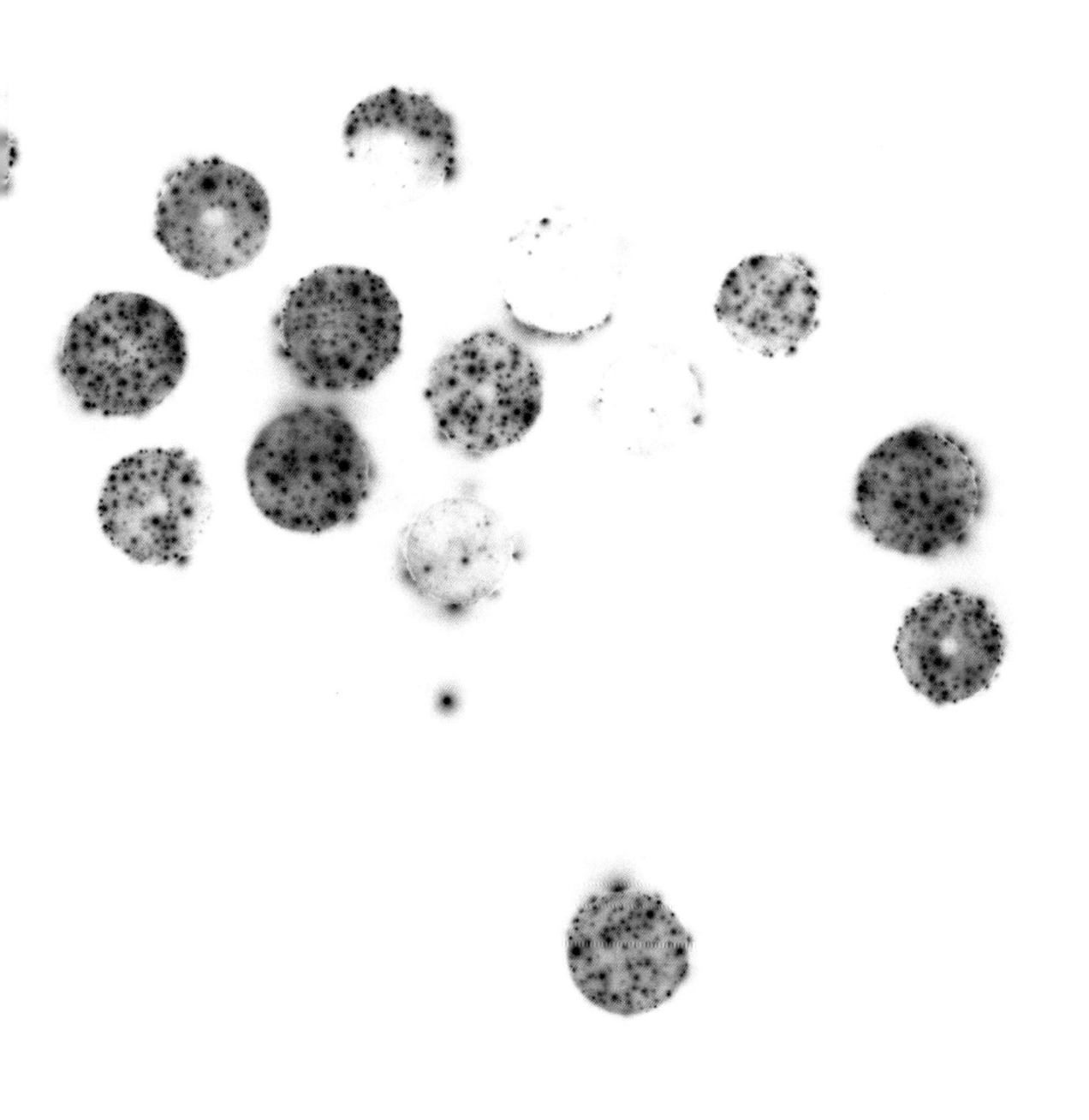

97ページの御幣とともにお賽銭もお借りした。現地で天を向いていたおもて面を感光させた。薄く写っている3枚だけ、裏面の感光。

石版

浪江町（2013年5月）

放射線量：200 〜 400 cpm

　高さ約80cm×幅約40cm の「奉納」と彫られた石版。彫りの部分はイメージングプレートと接しないため、窪みにたまっていた放射性物質からの放射線はぼやけて写っている。「奉納」という文字がきれいに浮び上ってきた。

奉納

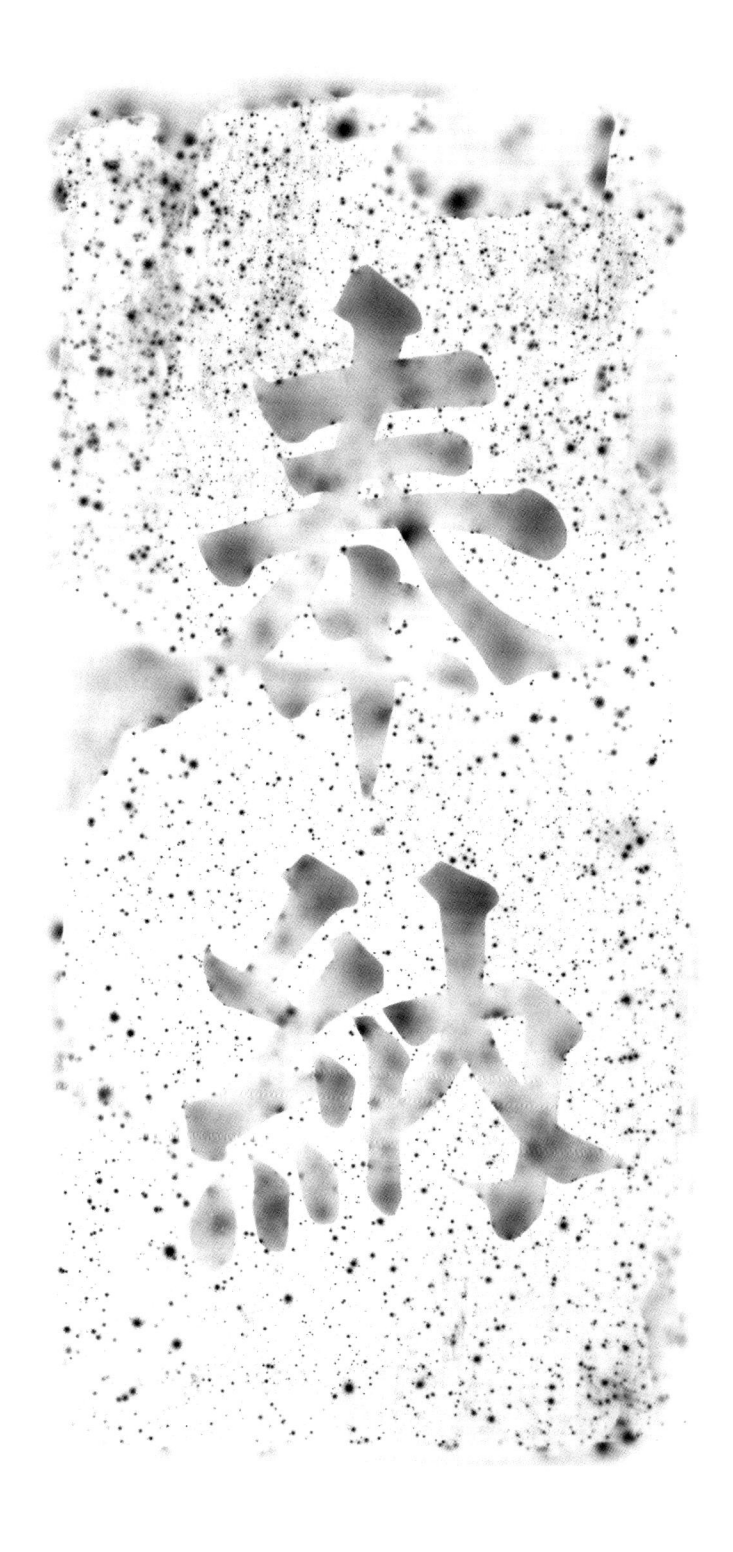

サンプル写真一覧
（本文に掲載したものは除く）

つくし p8

たんぽぽの葉 p9

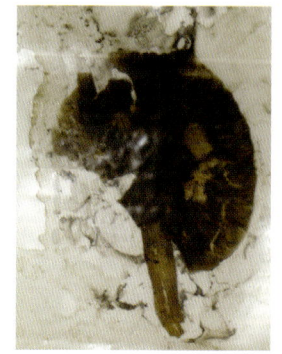

きのこ p13

セイタカアワダチソウ p16

ヘビ（ヒバカリ） p19,20

桜の枝 p21

センダン草 p24

フキ p25

きのこ p28

きのこ p29

アゲハ蝶 p36

ブラックバス p37

真竹　P40

通気口フィルター　P44

ヘビの外皮　P48

軍手　p51

靴の中敷き　p52

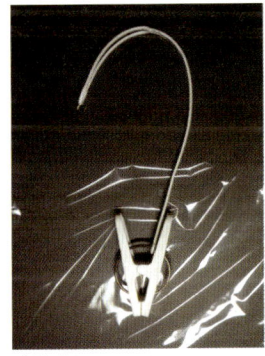

洗濯ばさみ　p53

野ねずみ　p54

おたまじゃくしと金魚　p56,57

スリッパと幼稚園児の上履き　p68

松の実生の葉と雄花・雌花　p72

松茸　p73

ほうき　p76

103

放射線像プロジェクトの始まりと
そこから見えてきたもの

加賀谷雅道

　2011年、私はどうにかして放射能汚染を視覚的な記録として残せないものかと試行錯誤を繰り返していました。これまで「黒い雨」「死の灰」といった言葉や、「ベクレル」「シーベルト」といった数値で表現されていた放射能を視覚的な映像として記録に残すこと、それは日本にいる誰かが今やらなければならないことであり、これだけ物と情報が溢れているこの国で、それは不可能なことではないだろうと確信を抱いていたからです。そこで福島市渡利地区弁天山の強く汚染された土を採取してきて、レントゲンフィルムに露光を繰り返したりしていたのですが、なかなか撮像に成功しませんでした。

　そのうちに、東京大学農学部の森敏名誉教授が撮像した植物のオートラジオグラフ（放射線像）が、ネット上でいくつかのニュースとして流れたのです。やはり同じことを考えている人はいるんだなと思い、放射能を可視化する、という私の思いは一瞬消えかかりました。しかし、森教授は農学部の教授ですから、植物しか撮像されていないのではないかと思ったのです。それに加え、どのニュースサイトもこの歴史的な映像を低解像度の粗い画像で掲載しており、丁寧な扱われ方をされていないと感じました。おそらく森教授から提供された画像データをそのまま利用していたのでしょう。時事ニュースというのは大抵そういうものです。しかしこのまま一時的なニュースで終わってしまうのはあまりに惜しい。そこでその日のうちに、森教授が在籍されている研究室に手紙を送ったのです。「私が小動物や魚をサンプリングしてきます。サンプルはすべてご提供しますので、オートラジオグラフの撮像に参加させていただけないでしょうか？」といった内容だったと思います。数日後、「それではヘビか何か取ってきてくれないか」とお返事をいただきました。2012年5月のことでした。ただし、「汚染の強いところのもの」という条件付きでした。

　これが本プロジェクトの始まりで、私はこれ以降、月に1度の頻度で飯舘村や当時まだ自由に通行することのできた浪江町津島地区や飯舘村長泥地区に通うことになったのです。森教授のご協力を得られただけでも幸運だったのですが、その上私はたまたま東京大学の近く住んでいました。東京大学に近いということは上野駅からも近いので、そこから新幹線に乗ってわずか1時間30分で福島市まで行くことができる。このように幾重もの幸運によって、このプロジェクトを進めることができたのです。

　この放射線像の撮影を通して痛感したことは、2011年3月と4月に東日本を覆った初期プルームがいかに多く、またいかに大きな広がりを持っていたかということです。それは、飯舘村や浪江町で、たとえ庇(ひさし)の中にあって、汚染された雨や雪に直接当たっていなくても、すべての物に万遍なく放射性物質が付着していたこと、南相馬市でわずかに外気が入り込んでいた室内のエアコンのフィルターに無数に付着した放射性物質、そして茨城県つくば市の通気口フィルターや東京都品川区の雨樋の土に付着した放射性物質が物語っています。特記すべきは、この本に掲載した画像に写っている放射性物質は、ほとんどが放射性セシウムであり、それよりももっと大量に放出された放射性ヨウ素やそのほかの放射性物質はすでに半減期を過ぎ、減衰していたため写っていないということです。

　季節が過ぎ、フォールアウトを受けた木の枝から伸長した枝葉には、内部被曝はあるものの外部にはそれほど多くの放射性物質は付着していませんでした。フォールアウトから数ヵ月後の空気中には、汚染した土埃が舞い上がることはあっても、それほど多くの放射性物資が含まれていなかったということです。それは福島県内だけでなく、東日本全体に言えることで、各地で計測された土壌の放射能測定結果や月間の放射能降下物量を見れば、大気圏で行われた一連の原水爆実験によって1960年代に日本に降

り注いだ年間の放射性降下物量よりも、ずっと多くの放射性降下物が2011年3月11日から数週間のうちに降っていたことが確認できます。

　この2年半、実に多くの小動物や昆虫を採取し、解剖し、乾燥させ、放射線像を撮影してきました。屋外に捨てられていた日用品は同じ環境にあれば、概ね同程度の汚染の強さを示していましたが、小動物は同じ日に同じ場所でサンプリングしたものでも、汚染の程度が大きく異なっていました。例えば、2012年の夏に飯舘村「あいの沢」で釣り上げた2匹の同サイズのブラックバスは、乾燥後、片方の放射線量が150 cpm、もう片方が315 cpmと数値にして2倍の汚染の違いがありましたし、飯舘村で採取した複数のヘビも汚染の強さに大きな違いがありました。同じ環境にいても、食餌の内容で内部被曝の程度は大きく異なることがわかります。われわれ人間に置き換えて考えれば、初期のフォールアウトとその後流通した汚染された農水産物をどれだけ避けることができたのかによって、個々人の体内汚染の程度は大きく異なっていたと言えます。また、ねずみやザリガニでは糞尿を通して、放射性物質を積極的に体外に排出している様子を捉えることができました。これは原発事故発生後、福島県および近県各地で子供を中心に行われた尿による放射性物質検査が、合理的なものであったことを裏付けています。

　もう何度、福島県へ行ったことでしょう。飯舘村や川俣町山木屋で進む大規模な除染、作業員が十数人でひとつの住宅や納屋を囲んで手作業で行われる外壁の拭き掃除や土汚れの剥ぎ取り作業、山の中腹まで行われている表土剥離の現場。山が強く汚染され、3年以上経過してもなお定住するには空間線量が高過ぎる飯舘村長泥地区や浪江町津島地区の集落、そこよりもさらに汚染の強い浪江町川房地区、山を下ると同じく無人の浪江町中心部の住宅街、津波で流された車や船がそのままになっている浪江町請戸地区。住宅の除染で出たゴミがその家の庭に埋められたり、コンクリート柱に入れられてそのまま置かれている郡山市。私はそれらを自分の目で見、今生きる私たち日本人が縄文期から1万年以上にわたって先祖から譲り受けてきたこの国土を放射能で汚染させたことを現地で体感してきました。この本に掲載した放射線像を通じて、多くの人に少しでもそのことを感じ取っていただければ幸いです。そして、日本人だけでなく世界中の誰もが、原発事故等による放射能汚染の被害者になる可能性があります。本書に掲載した動植物や日用品の放射線像と、身の周りのそれらとを重ねあわせながら、防災意識を高め、具体的な備えをしていただくことが本プロジェクトの最大の目的と言えます。

　私は2012年6月から飯舘村や浪江町で小動物のサンプリングを開始しました。原発事故発生後1年3ヵ月も経過していましたから、もうすでにどこかの研究者や大手のメディアが放射能の可視化を行っているかもしれないと思っていました。しかし、もし放射能を可視化するというこの単純で重要なアイディアを誰も実行に移していなかったら、それは将来大変な損失になると思い、放射線像の撮影を行ってきました。2014年に都内で開催した放射線像展では、東京新聞さんに紹介していただいたこともあり、予想をはるかに上回る来場者に恵まれました。その後も各地でお声がけいただき、展示を開催しております。このプロジェクトに関わっていただいたすべての方々に御礼申し上げます。特に福島県でのサンプルの採取や帰還困難区域への同行にご協力くださった皆様、各地における企画展主催者の皆様、そして学外の無名な写真家の申し出に二つ返事で応じてくださった、森敏東京大学名誉教授の2年半にわたるお力添えに、心から感謝申し上げます。

妖に美し：なぜ放射線像を
とり続けるのかについての個人史

森 敏

　小生は1963年秋に東京大学農芸科学科に進学し、3年生の学生実験で放射性同位元素の放射性リン（^{32}P）、放射性カルシウム（^{45}Ca）、放射性カリウム（^{42}K）の取扱法を経験した。そのとき医療用のX線フィルムを用いてオートラジオグラフを撮る技術を学んだ。はじめて見るこれらの放射能核種がダイズの新芽に特異的に集積する放射線像に、言語に絶する感動を覚えた。「植物は本当に生きてるんだナーと」非常に強く実感した瞬間であった。このX線フィルムで放射線を感光する技術は、1990年代後半からは高感度のイメージングプレートを用いたBASによる画期的な検出手法が開発されて現在に至っている。ただしBASによる放射線像は、X線フィルムによる放射線像よりも解像度が低いので、ミクロン単位の組織や細胞の微細構造までは放射能を追及できないのが欠点である。しかし一方で、BAS像はその白黒に滲んだ画像が南画の墨絵のようで、小生の美意識に訴えるところが大であり、今回この本で紹介した画像はすべてこのイメージングプレートによるBAS像である。放射能は危険だけれど、よく見れば放射線像は「妖艶なぐらいに美しい」のである。

　当時の生化学という学問には、大まかに分けて「静的生化学」と「動的生化学」があり、農芸化学科の学部学生当時の生化学の舟橋三郎教授の授業は、うんざりするほどの生体化合物の化学構造式の紹介で埋め尽くされていた。おかげで化学構造式には驚かなくなったが、生化学講座が担当する学生実験でも生化学実験はやはり化合物の同定が主で、生体内で化合物が次々と代謝されて異なる化合物に変化していくという動的イメージを感じる実験構成ではなかった。

　これに対して植物栄養・肥料学研究室が担当する放射性同位元素実験では、ガイガーカウンターの音やX線フィルムによる放射線像で動的イメージを実感することができた。例えば、水耕栽培したダイズの水耕液に^{32}Pを与えたばあい、地上部の特定部をガイガーカウンターで測定すると放射能計数値（cpm）が経時的に上昇していくことや、そのダイズを30分後にサンプリングしてアイロンをかけ、押し葉にしてオートラジオグラフを撮ると、最後には最新葉に特異的に放射能が集積していることが見事に可視化された。^{32}Pが根から吸収されて蒸散流に乗って地上部に移行し、新しい細胞分裂組織に取り込まれて多様なリン酸化合物に代謝されていくイメージが感じられたのである。

　そんなこともあって三井進午教授の研究室へ卒論生として入室をお願いにいったときに、「この研究室で放射性同位元素を使った実験をさせて頂けますか？」と聞いてみた。その時三井先生は、破顔一笑「そんなこと、君、放射性同位元素はこの研究室の常套手段だよ。いつでも使えるよ！」と答えられた。そこで勇躍研究室に卒論生として入って知ったのだが、小生が研究室に入る前までに三井グループはすでにビキニ原水爆実験による日本の農地や農作物の放射性降下物（フォールアウト）汚染に関する数多くの先端的な論文を発表していた。日本の大学の土壌学・植物栄養学・肥料学関係者が競って研究成果を発信していた。農学部では水産学の桧山義夫グループが放射能汚染マグロの研究をしていた。理学系では学習院の三宅静雄グループが活躍されていた。又、それまでの業績を買われて三井先生はウイーンに本部を置くIAEA（International Atomic Energy Agency）の高級諮問委員会のメンバーをされており、国際的にも活躍されていた。当時としてはとても潤沢な研究費をIAEAから支援して頂いていたと聞いている。三井先生と桧山先生は、日本の農学系研究施設として最初の放射性同位元素研究施設を、自分の研究室の面積を割譲して東大農学部2号館地下と3号館地下に設営されていた。その後、そこで多くの放射性同位元素を使った世界的な生理・生化学・分子生物学

実験が行われることになった。小生も研究生活の大半はそこで過ごすことになった。

その後小生は、万年助手の25年間は学生実験で放射性同位元素の講義と実習を担当していた。これらの放射性同位元素施設はのちに現在の農学部8号館地下に移設され、小生は定年前の4年間ばかりここで施設長を務めた。移設に際してはさまざまな抵抗があった。台頭してきた分子生物学の分野では、20年前から、DNAの配列を読むには放射性同位元素の^{32}Pや^{33}Pによる標識ヌクレオチドを用いる方法から蛍光標識ヌクレオチド法が主流になってきつつあったし、詳細は省くが、ノーベル賞に輝いた蛍光蛋白gfpを用いた蛋白標識法がその後急速に台頭して、個体・組織・細胞・細胞内顆粒へのタンパク質の局在などを可視化できるようになってきた。そうした研究状況のなかで、「もう生物学研究のトレーサー技術としての放射能は必要がなくなるだろう、だから法的規制が馬鹿みたいに厳しい放射性同位元素施設なんかいらないのではないか」という実に浅薄な強い反対意見があったのだ。分子生物学などの基礎科学研究者ほどそういう意見が強かった。しかし小生は、「絶対そんなことはない、放射性同位元素を用いた生理・生化学・分子生物学研究は今後も不滅だ」と突っぱねて、8号館地下の半分、約1000平方メートルをその実験施設面積として確保した。当時としては全く予期していなかったことであるが、現在、この施設は東電福島第一原発メルトダウン事故による、関東一円の放射能汚染土壌、植物（フローラ）、動物（ファウナ）の測定や生理生化学実験に大活躍している。この本で示したわれわれのBASによる放射線像もここで得られたものが大半である。これまでに300枚弱撮ったことになる。乾燥標本をイメージングプレートに感光して放射線像を撮るのには最低1週間感光が必要なので、現在のように20枚のイメージングプレートを交互に併行して使っても、1枚の綺麗な意味のある放射線像を撮るにはけっこう時間がかかるのである。

話はすこしそれるが、そもそも感光に時間がかかる以前に、福島県にたびたび赴き動植物をサンプリングするには体力と経費と時間かかるのである。小生は車の運転をしないので、毎回近くの学生らの協力が必須であったが、それだけではどうしても、十分でない。そんな折、細かい経緯は忘れたが、フランス帰りのカメラマンの加賀谷雅道君が「サンプルは全部提供するので、小動物や昆虫を取ってきましょうか」と手紙を寄こしてきた。そこで、「出来ればヘビを取ってきてくれ」と依頼したことから彼との関係が始まったのである。カメラマンである彼はさすがに小生とは異なる視点を持っており、彼の興味は生物の被曝ばかりでなく、生活臭のする資材の被曝を可視化することにも広がっていった。2014年4月に品川のギャラリーで開催した「放射線像展」を見に来た昔の教え子で、2女を成人させた女性は「学生実験で教わったオートラジオグラムが生活の場で撮れてしまうなんて。．．．．胸に迫るものがありました。あり得べからざることです」（原文のママ）という年賀状をよこしてきた。

小生が放射線像をとり続ける理由は、第一に、当然科学者として学問的に面白い未知の物理・化学・生物現象の発見を期してのことである。数多くの放射線像を撮っているうちに何かが見えてくるかもしれない、という枚挙的な手法である。いわば現象論の段階の研究手法である。余り立ち入って詳しくは述べていないが、そのいくつかの知見は各画像のコメントに付してある。

最初は墨絵のような美しさに惹かれて放射線像の研究をはじめたことは前にも述べた。小生は1955年

から1965年ぐらいまで1500回も続いたアメリカ・フランス・イギリスによる太平洋核実験、ソ連のロプノール砂漠での核実験、中国のウイグルでの核実験などの最中に三井研究室に入ったのだが、この研究室では農作物の放射能汚染防止対策の研究はすでに下火であった。その後に起こった1979年3月28日スリーマイル島原発事故のときには小生はあまり関心がなかった（日本のマスコミはあまり真剣に報道しなかったので、オペレーターによるちょっとしたヒューマンエラー〈人為ミス〉だろうと思った。「太平洋核実験よりも日本への影響は少ないだろう」と漠然と思っていたのかも知れない）。1986年4月26日のチェルノブイリ原発事故のときは、事故の2週間後に東大農学部の圃場（ほじょう）の牧草にガイガーカウンターを当ててみて150cpmを検出したので、さすがにちょっと驚いた。しかしそのときでも、圃場の草や木の葉をオートラジオグラフに撮るという発想は小生には全くなかった。それを試みてみても、チェルノブイリから地球を半周して飛んできた放射性同位元素の降下物の大部分は半減期が8日間の放射性ヨウ素(^{131}I)であっただろうから、感度の鈍いX線フィルムで感光したかどうかは疑わしい。その年の11月に日本に輸入されたフランス赤ワイン（ボジョレヌーボ）を液体シンチレーションカウンターで測定したところ25万Bq/ℓもあったので驚愕した。フランス政府も日本政府も知らぬフリをして全く警告を発していなかった。今思うと、ヨーロッパ諸国ではワインの放射能汚染は衆知の事実であったので、遠い極東で放射能に鈍感なフランスかぶれの日本人が、恰好の販売ターゲットになったのだろう。BASによる放射能検出手法は当時まだ開発されていなかった。1986年にイメージングプレートの原理が解明されて、BASが機器として汎用できるようになったのは1990年代後半になってからである。であるから、チェルノブイリの環境サンプルに関しては初期汚染の状況をX線画像としては得られたはずであるが、それさえ当時のソ連はおろか、ヨーロッパ諸国の研究者も発信していなかった。のちになって呼気からの放射性核種プルトニウム(^{239}Pu)吸引被曝で肺ガン死した患者の肺の切片のX線フィルムによる放射線像や、放射性セシウムによる汚染植物の葉のBASによる放射線像がわずかに伝えられているにすぎない。

そういうわけで、今回の東電福島第一原発事故に関しては、各所でBASによる放射線像が発表されている。小生も学問的な興味以外に、今でなければ撮れない貴重な放射能汚染画像を後世に残すことも、必要ではないかと強く考えている。例えば、我々がジョロウグモで発見した、すでに半減期減衰して殆ど環境から消滅しかかっている放射性同位体銀(^{110m}Ag)による生物汚染画像を撮り損ねたのは、かえすがえすも残念である。2011年末には牛の肝臓やジョロウグモには^{110m}Agは^{137}Csと同じぐらいの高濃度で存在したし、イカやタコの内臓では^{137}Csよりも2〜4倍の濃度で存在したことが今になって明らかになっている。研究も、偏見を持たない事故後の初動操作が非常に重要なのである。

地殻変動（地震・津波・噴火）などの天変地異によるばかりでなく、多くはヒューマンエラーで原発事故は起こっている。今後も必ず起こるだろう。原発事故の起こる確率は100パーセント。来るべき次回の日本の再稼働原発や諸外国に全部で400基以上稼働しているといわれる原発の事故に備えるには、何がどれくらいどのように放射能汚染をするのかをビジュアルな映像として、世界の人々は頭の中に収蔵しておく必要がある。この本を日本ばかりでなく、世界の原発周辺の保育園、幼稚園、小学校、中学校、高等学校、果ては大学までも、教養教育の教材に使って頂ければ望外の喜びです。

2015.1.1記

Special Thanks to

中野英之（京都教育大学 准教授）
平戸　昭（有限会社丸平木材 代表取締役）
杉下初男（前飯舘村長泥行政区長）
伊藤延由（元いいたてふぁーむ管理人）
森住　卓（写真家）
大山弘一（南相馬市議）
浅生忠克（フリーライター）

中西啓仁（東京大学農学生命科学研究科 特任准教授）
竹田弘毅（東京大学農学生命科学研究科）
田中豊土（東京大学農学生命科学研究科）

（敬称略）

アートディレクション　宮崎謙司（lil.inc）
デザイン　井上正志、和田浩太郎（lil.inc）

著者略歴

森 敏（もり・さとし）

1941年生まれ。1966年東京大学農学部農芸化学科修士課程修了。東京大学助手、助教授、教授、大学評価学位授与機構教授を経て、現在は東京大学名誉教授。農学博士。NPO法人WINEP（植物鉄栄養研究会）理事長。専門は植物栄養学。日本土壌肥料学会賞、日本農学賞、読売農学賞、日本学士院賞を受賞。
WINEPブログ　http://moribin.blog114.fc2.com

加賀谷雅道（かがや・まさみち）

1981年生まれ。早稲田大学理工学部卒業。フランスで写真を学び、2011年帰国。2012年6月から放射線像プロジェクトを開始。これまで国内で8回の展示、マレーシアOBSCURA国際写真展で招待作品として展示。2014年フランス紙Libération、ノルウェー紙Morgenbladet、東京新聞に掲載。岩波書店『世界』（2014年8月号）に招待作品として掲載。また福音館書店「母の友」（同年11月号）に掲載。2015年にはカナダ紙National Post、スウェーデン紙Dagens Nyheterに掲載。
放射線像ウェブサイト　http://www.autoradiograph.org/

放射線像　放射能を可視化する

2015年3月10日　初版発行
2015年4月10日　第2刷発行

定価　1,800円＋税

著　者　森　敏
　　　　加賀谷雅道
発行所　株式会社皓星社
発行者　藤巻修一
編　集　晴山生菜
　　　　〒166-0004　東京都杉並区阿佐谷南1-14-5
　　　　電話：03-5306-2088　FAX：03-5306-4125
　　　　http://www.libro-koseisha.co.jp/
　　　　info@libro-koseisha.co.jp
　　　　郵便振替　00130-6-24639

印刷・製本　精文堂印刷株式会社

ISBN978-4-7744-0498-1　C0036